国家自然科学基金项目(No.41702121和No.U19B2007)
"十三五"国家科技重大油气专项课题子课题(2016ZX05024-006-002)　　联合资助
中国石油科技创新基金研究项目(2018D-5007-0104)

箕状断陷盆地沉积充填特征与油气富集规律

Sedimentary Filling Characteristics and
Hydrocarbon Accumulation Rules of Half-graben Rift Basins

刘恩涛　严德天　王　华　等著

中国地质大学出版社
CHINA UNIVERSITY OF GEOSCIENCES PRESS

内容摘要

本书以北部湾盆地福山凹陷为例，基于系统的构造、层序、沉积和成藏研究，查明箕状断陷盆地沉积充填特征，揭示了箕状断陷盆地油气富集规律，阐明了构造、沉积古地貌、湖平面变化对沉积充填的控制，指出了构造热事件对油气生成富集的控制作用，总结了箕状断陷盆地重要的油气勘探相带类型。该研究不仅有利于丰富箕状断陷盆地沉积充填和油气成藏机理方面的认识，而且对箕状断陷含油气盆地石油及天然气的勘探和开发具有重要的指导意义。

本书侧重于箕状断陷盆地油气勘探的应用实践和综合分析，是笔者长期在该领域开展科学研究、国际合作与学术交流的结果。本书适用于石油地质、海洋地质、沉积盆地分析等相关专业的师生阅读和学习，同时也适合于从事油气勘探领域的科研人员参考。

图书在版编目(CIP)数据

箕状断陷盆地沉积充填特征与油气富集规律/刘恩涛等著. —武汉：中国地质大学出版社，2020.8
ISBN 978-7-5625-4803-4

Ⅰ.①箕…
Ⅱ.①刘…
Ⅲ.①断陷盆地-沉积作用-研究 ②断陷盆地-油气聚集-研究
Ⅳ.①P618.130.2

中国版本图书馆 CIP 数据核字(2020)第 104497 号

箕状断陷盆地沉积充填特征与油气富集规律	刘恩涛 严德天 王 华 等著
责任编辑：张燕霞	责任校对：张咏梅
出版发行：中国地质大学出版社(武汉市洪山区鲁磨路388号)	邮政编码：430074
电　　话：(027)67883511　　传　　真：(027)67883580	E-mail:cbb@cug.edu.cn
经　　销：全国新华书店	http://cugp.cug.edu.cn
开本：880毫米×1230毫米 1/16	字数：206千字　　印张：6.5
版次：2020年7月第1版	印次：2020年7月第1次印刷
印刷：湖北新华印务有限公司	
ISBN 978-7-5625-4803-4	定价：80.00元

如有印装质量问题请与印刷厂联系调换

前言

中国东部发育了一系列新生代箕状断陷盆地，油气资源丰富，构成我国重要的油气聚集区。箕状断陷盆地形成演化主要受控于多次区域性板块构造运动重组事件及深部过程，其构造格架、沉积充填往往存在相似性，具有下断上坳的双层结构，其断陷期的构造样式主要受控于边界断裂，呈现箕状或复合箕状断陷的形态。箕状断陷盆地层序地层发育的控制因素很复杂，沉积充填特征都是在构造演化、沉积古地貌、相对湖平面变化等多因素控制下形成，盆地的不同演化特征也控制盆地内部的沉积充填过程以及油气成藏过程。油气富集规律研究及其控制要素是油气资源远景评价的主要组成部分，也是勘探部署决策、提高勘探效率必需的内容。陡坡带往往是箕状断陷盆地勘探的有利区带之一，而湖盆中心的湖底扇是隐蔽油气藏重要的发育地区，其油气成藏受控洼边界断裂控制明显。

福山凹陷是北部湾盆地东南缘的一个典型的箕状断陷盆地，具有南超北断的构造特征，油气资源丰富，是我国南海重要的油气产区。福山凹陷在平面上自北向南可细分为4个次级构造带，即南部斜坡带、中部构造带、中北断槽带和北部断阶带，自西向东可以按照地貌特征划分为皇桐次凹、花场低凸起、白莲次凹等多个次级构造单元。从层序地层出发，结合由构造作用及其配置所产生的古地貌对沉积充填演化的影响，分析油气成藏要素的配置关系，并结合油气分布情况确定油气富集规律，不仅有利于揭示箕状断陷盆地沉积充填特征及油气富集规律，而且对箕状凹陷油气勘探与开发具有重要的指导意义。笔者以北部湾盆地福山凹陷为例，通过系统的构造、层序、沉积和成藏动力学研究，揭示了箕状断陷盆地沉积充填特征与油气富集规律。获得的主要认识如下。

1. 沉积充填特征方面

通过岩芯沉积相、单井沉积相研究及典型地震相提取、联井剖面分析及砂分散体系分析，总结出福山凹陷古近系流沙港组时期主要发育5种沉积体系类型，具体包括辫状河三角洲、扇三角洲、湖泊和水下重力流。其中盆缘临高凸起、云龙凸起以及南部斜坡带成为凹陷主要物源区，构成了凹陷三大主要物源。凹陷东西部两侧分别受云龙凸起以及临高凸起小规模物源供给，分别发育小规模扇三角洲和辫状河三角洲沉积，东部三角洲前缘发育小规模的浊积扇体沉积。凹陷西部来自临高凸起的小范围物源供给，沿朝阳鼻状构造，经断坡、断裂调节带进入和天凹陷，发育辫状河三角洲前缘沉积。凹陷东部来自云龙凸起的物源，经金凤鼻状构造带进入白莲次凹，发育小范围的扇三角洲平原相和前缘相，并在扇三角洲前缘白莲地区发育小规模浊积扇体。

福山凹陷古近系沉积充填过程与构造活动紧密相关。流沙港组三段沉积期由于沉降与伸展作用的同时加强，凹陷断层活动剧烈，为湖盆形成期，全区低位体系域、湖扩体系域、高位体系域均有发育,但不同地区层序、沉积的充填样式又各具特点;流沙港组二段沉积期,凹陷强烈沉降,进入区域湖扩时期,湖盆扩张范围最广,低位体系域、湖扩体系域、高位体系域均有发育,因水体加深,沉降速率大于沉积速率,沉积了一套巨厚的暗色泥质烃源岩,三角洲砂体发育规模也较流沙港组三段沉积期小很多,高位体系域砂体缺乏,斜坡上部地层局部削截;流沙港组一段沉积期对应裂陷Ⅲ幕,断层活动减弱,海南隆起进一步隆升,湖盆萎缩,除北部深凹区外,凹陷南部斜坡上部大部分均遭受剥蚀,东部地区低位体系域发育范围小,高位扇三角洲发育范围广泛。涠洲组沉积期,边界断层活动减弱,凹陷进入裂后期,坳陷作用逐步增强,快速沉积一套河流相砂砾岩。

2. 油气富集规律研究方面

在层序地层格架下,本研究统计了福山凹陷已知钻井的油气分布。统计结果显示福山凹陷油气分布具有明显的时空差异性。东部白莲地区油气资源具有极高的气油比,显示出该地区烃源岩具有过成熟生气的特征。在时间上,油气主要分布于流沙港组一段高位体系域、流沙港组二段低位体系域和流沙港组三段高位体系域。在空间上,流沙港组三段高位体系域和流沙港组一段高位体系域的油气主要富集在中部地区,其次为东部地区;而流沙港组二段低位体系域油气主要富集在东部地区,其次为西部地区。

本次研究发现短时间的构造热事件与沉积盆地烃源岩的成熟密切相关,为盆地富集成藏奠定基础。研究区东部火成岩侵入导致侵入部位出现以下异常,包括"浅埋深地区产气、深埋深地区产油"、白莲地区镜质体反射率(R_o)异常高值带、白莲地区残余TOC异常低值带、白莲地区氯仿沥青A异常低值带等。这些异常依靠埋藏深度这个单一的热成熟要素难以解答。岩浆侵入等构造热事件,在为地层提供外来流体、岩浆等物质的同时,也带来了巨大的热量,在短时间内促使烃源岩迅速成熟,促使东部白莲地区烃源岩快速成熟生气。此次研究证明了地层埋深并不是烃源岩成熟的唯一控制要素,最大的古地温未必出现在最大的埋深处。短时间的热事件对有机质成熟和矿物转化至关重要,值得重视。

福山凹陷构造转换带与中部地区储集砂体发育和油气富集关系密切。构造转换带对储集砂体展布的控制不是一成不变的,在不同的体系域发育时期存在较大的差异。高位体系域发育时期,构造转换带是研究区的最大物源口,转换断层对物源的输导起到积极的引导作用,转换断层发育部位常发育水下分流河道沉积微相,扇体的展布与转换断层的走向一致,由此证明该时期构造转换带通过转换断层对沉积物起到了良好的控制作用。而在低位体系域沉积时期,构造转换带处物源供给有限,沉积物可以直接越过转换断层,沿着与转换断层斜交的方向向深凹区推进。在东部白莲次凹中发育大范围湖底扇沉积,该时期构造转换带对沉积的控制作用有限,沉积体系展布和物源通道方向还受到古地貌(斜坡坡度)、重力流特征等要素的控制。构造转换带的发现可以很好地解释福山凹陷油气分布规律,福山凹陷在流沙港组一段和流沙港组三段高位体系域时期中部地区的油气富集与构造转换带的发育密切相关。构造转换带发育地区(即中部地区)具有砂体富集、断层发育、油源富集、构造高部位等有利于油气成藏的要素,使得位于转换带两侧的皇桐次凹和白莲次凹的油气在断裂的输导下向处于构造高部位的构造转换带运移,在砂体富集的中部地区富集成藏。

3. 对油气勘探的指导

福山凹陷发育多种层序充填样式，分别发育西部多级断阶型、中部挠曲坡折型和东部缓坡型层序充填样式。福山凹陷构造-层序-沉积-成藏具有很好的响应关系。不同构造背景产生的构造坡折带控制着不同类型的层序充填样式和沉积充填特征，进而在不同的构造-沉积部位形成了相应的圈闭分布模式，这也意味着在福山凹陷不同的构造部位的勘探目标应该有所差异。在未来福山凹陷的油气勘探中，中部构造转换带地区应该为油气勘探的重要区域，在构造转换带顶部应以断块、断鼻、断垒油气藏为主要的勘探目标，而构造转换带的翼部应该以砂岩上倾尖灭型油气藏为勘探目标。西部多级断阶带的油气勘探应该以与断裂相关的断块、断垒油气藏类型为主，构造和断层体系研究应该是勘探目标优选中最为重要的方面，低位体系域油气勘探应以湖底扇体为重点。东部地区流沙港组三段的油气勘探应该集中于与深层反向断裂相关的构造油气藏，流沙港组一段应该以砂岩上倾尖灭型油气藏为主要的勘探目标，但流沙港组二段"自生-自储-自藏"型岩性油气藏最具勘探价值和勘探潜力，精细地刻画砂体的展布和期次是勘探的重点。

4. 箕状断陷盆地沉积充填与油气富集规律总结

通过以上研究，揭示了箕状断陷盆地沉积充填与油气富集规律，包括：①箕状断陷盆地具有下断上坳的双层结构，断裂体系复杂，断陷期的构造样式主要受控于边界断裂，深大断裂活动对沉积充填控制作用明显；②受控于独特的地形地貌特征，箕状断陷盆地往往具有多物源、多沉积类型、相变快的特征，沉积充填特征是构造演化、沉积古地貌、相对湖平面变化等多因素控制下的结果；③箕状断陷盆地油气分布具有明显的时空差异性，在时间上油气分布与体系域类型关系密切，在空间上油气分布与构造组合样式密切相关；④箕状断陷盆地通常发育构造热事件，构造热事件带来了巨大的热量，在短时间内促使烃源岩迅速成熟，为油气富集成藏奠定基础；⑤受控于构造演化特征与断裂组合样式，箕状断陷盆地发育多种油气成藏模式，其中构造转换带、多级断阶、湖盆中心扇体为重要的油气勘探目标；⑥箕状断陷盆地构造-层序-沉积-成藏具有很好的响应关系，不同构造背景产生的构造坡折带控制着不同类型的层序构成样式和沉积充填特征，进而在不同的构造-沉积部位形成了相应油气成藏模式。

关于箕状断陷盆地沉积充填与油气富集规律的认识，因研究盆地有限、资料不足和研究者学术水平所限，尚待进一步开展工作。

本书是中国地质大学（武汉）一批中青年学者长期密切合作、集体智慧的结晶。编写分工是：前言、第一章由刘恩涛、王华、许家省执笔；第二章由刘恩涛、谷志宇、严德天、郝少斌执笔；第三章由王华、严德天、甘华军、黄传炎、邹康执笔；第四章由刘恩涛、严德天、黄传炎、陈思、许家省执笔；第五章由王华、刘恩涛、廖远涛、邹康、陈大河执笔；参考文献由刘恩涛、王华、严德天等全体人员综合整理；全书最后由刘恩涛、严德天和王华进行统稿。

本书在资料准备、编写与出版过程中得到了海南福山油田勘探开发有限责任公司研究中心马庆林主任、卢政环副主任代表的多位领导和同事们的帮助和关切！

本书的出版得益于国家自然科学基金项目(No. 41702121 和 No. U19B2007)、"十三五"国家科技重大油气专项课题的子课题(2016ZX05024-006-002)和中国石油科技创新基金研究项目(2018D-5007-0104)的支持,受益于海南福山油田勘探开发有限责任公司的长期合作,在此,向他们一并表示衷心的谢意!

由于笔者们的研究水平和工作经验有限,对于箕状断陷盆地沉积和油气富集方面的一些认识、分析和总结定会存在不足和欠妥之处,热诚欢迎读者们予以指正。

著　者
2020 年 5 月

目录

第1章 箕状断陷盆地研究现状 ··· (1)

1.1 箕状断陷盆地沉积充填特征研究现状 ··· (1)

1.2 断陷盆地油气富集规律及其控制要素研究现状 ····································· (2)

1.3 北部湾盆地福山凹陷研究现状及存在问题 ·· (3)

    1.3.1 研究区研究现状 ··· (3)

    1.3.2 存在的主要问题 ··· (4)

第2章 福山凹陷区域地质特征及层序地层格架 ·· (5)

2.1 区域地质构造背景 ·· (5)

2.2 福山凹陷地质特征 ·· (6)

    2.2.1 构造发育特征 ·· (6)

    2.2.2 地层发育特征 ·· (9)

    2.2.3 石油地质特征 ·· (10)

2.3 福山凹陷层序地层格架建立 ·· (13)

    2.3.1 层序地层学基本理论 ·· (13)

    2.3.2 福山凹陷层序地层格架搭建 ·· (13)

第3章 福山凹陷沉积充填特征 ·· (17)

3.1 福山凹陷沉积体系识别 ·· (17)

3.2 福山凹陷物源体系与测井相 ··· (22)

3.3 联井沉积相分析 ·· (24)

3.4 沉积体系时空展布及其演化 ··· (27)

3.5 沉积充填特征研究 ·· (32)

第4章 油气分布规律及其控制因素 ··· (35)

4.1 福山凹陷油气分布特征 ·· (35)

    4.1.1 油气藏空间分布特征 ·· (36)

    4.1.2 层序格架内油气分布特征 ·· (38)

4.2 福山凹陷埋藏史与热史分析 ··· (41)

4.3 福山构造热事件研究 ··· (47)

  4.3.1 流沙港组二段火成岩微量元素及 Sr-Nd-Pb-Hf 同位素研究 ················ (47)

  4.3.2 流沙港组二段火成岩锆石 U-Pb 年代学研究 ······················· (56)

 4.4 构造热事件对烃源岩成熟的影响 ··· (57)

  4.4.1 火成岩侵入部位的热异常表现 ·· (57)

  4.4.2 火成岩侵入与烃源岩成熟的关系 ··· (62)

第 5 章 福山凹陷油气富集规律与勘探方向 ······························· (64)

 5.1 层序充填样式划分 ··· (64)

 5.2 构造-层序-成藏响应关系研究 ··· (69)

 5.3 构造转换带与油气分布的关系研究 ··· (73)

  5.3.1 构造转换带对砂体展布的控制 ·· (75)

  5.3.2 构造转换带对油气富集成藏的控制 ······································· (80)

 5.4 福山凹陷油气勘探方向选择 ·· (83)

参考文献 ··· (86)

第 1 章　箕状断陷盆地研究现状

1.1　箕状断陷盆地沉积充填特征研究现状

中国东部陆架边缘发育了一系列新生代含油气盆地,如渤海湾盆地、北部湾盆地、珠江口盆地等,构成了我国东部重要的油气聚集区。这些断陷盆地的形成演化主要受控于多次区域性板块构造运动重组事件及深部过程,其构造格架、沉积充填既存在着相似性又具有一定的差异性,箕状断陷是主要的表现形式(杨克绳,1990;夏庆龙等,2012;张威等,2013;刘蓓蓓等,2015)。箕状断陷盆地多具有下断上坳的双层结构,其断陷期的构造样式主要受控于边界断裂,呈现箕状或复合箕状断陷的形态(宋国奇等,2014;朱俊章等,2015;姜大朋等,2019)。发育完善的箕状断陷可以划分为凸起带、陡坡带、深洼带和斜坡带 4 个二级构造带,其中陡坡带是箕状断陷盆地勘探的有利区带之一,而深洼带的湖底扇是隐蔽油气藏重要的发育地区,其油气成藏受控洼边界断裂控制明显(陈广坡等,2010;宋国奇等,2014)。

从层序地层出发,结合由构造作用及其配置所产生的古地貌对沉积体系的影响,进而分析油气成藏要素的配置关系是当今层序地层学的研究热点之一。箕状断陷盆地是我国东部主要的含油气盆地类型,陆相层序地层学的发展趋势就是对层序地层学、构造、沉积特征三者共同进行研究。箕状断陷盆地层序地层发育的控制因素很复杂,这主要是因为断陷盆地具有区别于海相盆地的特征(田景春,2001;林畅松等,2004;吴亚军等,2004)。但总的来说,对各级层序界面产生主导性作用的是盆地构造活动。古构造运动面是盆地演化过程中构造活动的产物,主要包括角度不整合和微角度不整合。研究表明,一、二级层序的发育主要受区域构造运动控制。国内许多学者通过对断陷湖盆、坳陷盆地等盆地三级层序发育演化的研究认为:构造活动直接决定了盆地沉积可容空间的形成与消亡,构造的幕次性、周期性、脉动性直接控制了层序的多旋回性与层序内部沉积体系的发展演化(漆家福等,1995;李丕龙等,2004)。

由于构造活动是箕状断陷盆地形成与发育的主控因素,构造层序地层学的概念被提出,它的分析方法也逐步成熟,构造-层序的概念和划分标准逐渐形成,由构造应力的作用方式可将层序类型划分为以下 4 种:拉张型层序、走滑层序、压扭型层序及热沉降型层序。在箕状断陷盆地中,层序地层构型与充填特征由控盆同生断裂所决定。同沉积构造被认为对层序地层发育尤其是在断陷盆地中的层序地层起着主要控制作用,可以调控可容纳空间的大小(黄汲清等,1977;纪友亮等,1997;焦养泉和李思田,1998;王家豪等,2003;项华和徐长贵,2006)。另外,主物源体系的形成与分布也受构造调节带的控制,陈发景(2004)提出主物源体系主要位于地势低和河流入盆的地方,这些地方主要是由横向调节带控制。同样,储层分布及古地貌对层序地层的样式和特征起着重要的控制作用

(顾家裕,1995;魏魁生和徐怀大,1996;朱筱敏,1998;李思田等,1999;冯有良和李思田,2000)。

Fisher 和 Brown 在 20 世纪 60 年代末首次提出沉积体系的概念,"一种现代的沉积体系是相关的相、环境及伴随的过程的组合",因此,"古代的沉积体系是成因上被沉积环境和沉积过程联系起来的相的三维组合"。相是组成沉积体系的基本成因单元。20 世纪 60—70 年代,垂向层序研究是相模式研究的主要内容,并将模式特征作为它的主要形式。三维组合关系是沉积体系分析的特色,三维组合主要强调环境、过程与几何形态的统一,在真正的实践开发中实用性很强(Dunbar and Rodgers,1965;Posamentier et al.,1988;Vail et al.,1977;Catuneanu et al.,2009)。体系域定义为同期相联结的一套沉积体系或表达为同期的沉积体系的联系,是几种有成因联系的沉积体系在平面上相互过渡的现象。被动大陆边缘的层序地层学在 20 世纪 80 年代末和 90 年代初被提出,并得到了实践和应用,这一理论的提出对沉积地质学产生了深远的影响。高分辨率层序地层学提出后,李思田等(1999)应用这一原理,将陆相断陷盆地的沉积体系划分为低位体系域、湖侵体系域和高位体系域,扩大了沉积体系的概念和应用范围,在实际的应用中也显示了很好的效果,这一切都说明沉积体系的应用前景是十分深远的。近些年研究事实表明,箕状断陷盆地的沉积充填特征是在构造演化、沉积古地貌、相对湖平面变化等多因素控制下形成的,盆地的不同演化特征也控制盆地内部的沉积充填过程以及油气成藏过程(刘震等,2006;易士威等,2006;纪友亮等,2008;黄传炎等,2010;刘恩涛等,2013;Liu et al.,2014,2015)。

1.2 断陷盆地油气富集规律及其控制要素研究现状

油气富集规律及其控制要素研究是油气资源远景评价的主要组成部分,也是勘探部署决策、提高勘探效率必需的内容(喻建等,2001;杨俊杰,2002;何自新,2003)。

从石油工业诞生以来,油气富集理论一直是石油地质学家关注的基础问题。当前,中国的油气资源勘探已进入勘探晚期,面临勘探对象日趋复杂、勘探难度日益加大的现实,隐蔽油气藏的勘探逐渐成为我国陆相油田主勘方向。在陆相断陷盆地中,油气藏的分布与众多地质要素密切相关,如烃源岩分布、不整合界面、盆缘坡折带类型以及输导体系等。早期老一辈石油地质学家们在 20 世纪 60 年代就提出了有效生油(气)区大致控制油气田的分布范围的"源控论"(胡朝元,1999)。20 世纪 90 年代初,石油地质学家系统地研究了我国东部断陷盆地的油气富集规律,进而提出了"复式油气聚集带理论",这一理论在我国陆相含油气盆地的勘探中被广泛应用(李德生,1986;陈景达,1996;薛世荣,1998;孙龙德和李日俊,2004)。

近年来,众多学者研究发现油气富集规律与盆地所处的构造背景密切相关,各含油气盆地油气控制要素也有所差异。在对东营凹陷的研究中,众多学者发现从每一个洼陷中心向外呈五环状结构,即洼陷带岩性油藏分布区、构造油藏环带、岩性-构造油藏环带、地层稠油环带和浅层气环带,而且构造发育是控制断陷盆地油气环状分布的主要因素,据此提出了"环状聚油理论"(李丕龙,2001;庞雄奇等,2006)。在研究渤海湾盆地各坳陷油气藏聚集规律时,学者们在盆缘识别出不同类型的坡折带,并发现坡折带的发育与油气富集密切相关,指出构造坡折带是油气藏形成的极有利部位(林畅松和潘元林,2000;张善文等,2003)。杜金虎等(2003)在层序格架下对二连盆地展开油气富集规律研究,提出了构造油气藏与隐蔽油气藏具有"互补性特征"。李丕龙等(2004)从断陷盆地隐藏油气藏的勘探实际出发,建立了断陷盆地"断坡控砂,复式输导,相势控藏"的理论认识。赵文智等(2004,2005)提出"满凹含油论",强调优质烃源灶的发育对油气富集意义重大,附近的油气可以超越构造带,在斜坡区和湖盆区都富集。刘震等(2006)深入分析油气富集的控制要素,提出了"多元控油-主元成藏"理论,概括了陆相断陷盆地岩性油气藏成藏特征和分布规律。

随着沉积学、地球化学、油气成藏动力学等相关学科的发展,油气藏富集理论也在不断地更新和完善。油气藏的富集与含油气盆地的沉积背景和地质条件密切相关,这也决定着不同类型的盆地具有不同的油气富集规律,需要我们对研究区域油气藏的富集规律展开系统的总结。需要特别指出的是,近年来伴随陆相层序地层学的广泛应用和日趋成熟,在等时层序地层格架下进行油气分布规律研究,逐渐成为国内油气勘探领域的又一研究热点,归纳起来有以下观点:林畅松等(2000)建立了"构造坡折带控藏"观点;李丕龙(2001)与庞雄奇等(2006)先后提出"环状聚油理论";易士威等(2006)提出油气主要沿"三面"分布并受控于"三带"的成藏观点;张善文等(2003)提出了"断坡控砂、复式输导、相势控藏"观点;纪友亮等(1997)提出了"油气汇聚体系"的概念,论证了层序格架中油气成藏单元与层序关系密切;刘震等(2006)从层序与油藏控制角度出发,提出了"多元控油-主元控藏"观点;黄传炎等(2010)提出"层序界面-体系域-坡折带"三元耦合成藏观点。这些理论均显示出层序与油气成藏和分布具有良好的关联性,指导着我国油气勘探,取得了很好的成效。

1.3 北部湾盆地福山凹陷研究现状及存在问题

1.3.1 研究区研究现状

福山凹陷是北部湾盆地东南缘的一个典型的箕状断陷盆地,具有南超北断的构造特征,其南部为海南隆起,西北部与临高凸起相接,东部与云龙凸起相邻,具有"南北分带、东西分块"的特征。福山凹陷南以海南隆起为界,西部和东部分别以临高凸起和云龙凸起为邻,盆地形态受到了三大断裂的控制(西北部临高断裂、东北部长流断裂和南部定安大断裂),并向上超覆于海南隆起之上。根据盆地构造发育特征,福山凹陷在平面上自北向南可细分为4个次级构造带,即南部斜坡带、中部构造带、中北断槽带和北部断阶带,自西向东可以按照地貌特征划分为皇桐次凹、花场低凸起、白莲次凹和海口次凹4个次级构造单元。

福山凹陷经过了半个世纪的勘探实践,在岩石、构造、沉积、成藏方面取得了一定的认识。在火成岩方面,石彦民等(2007)和赵建章等(2007)对福山凹陷火成岩分布进行了论述,指出新生代火成岩活动非常频繁,严重干扰了三维地震油气勘探,使得该区域的地震勘探成为了一个国际难题。在沉积方面,刘丽军等(2003a,2003b)认为福山凹陷下流沙港组主要发育辫状河三角洲相、湖底扇与湖泊相两种沉积体系,并对湖底扇发育模式进行了总结。何幼斌等(2006)对福山凹陷沉积时期的物源体系展开系统研究,认为研究区发育南部海南隆起、东部云龙凸起和西部临高凸起三大物源体系。孙鸣等(2013)对流沙港组一段白莲地区扇三角洲进行了细致分析,利用钻井和三维地震资料在流沙港组一段高位体系域勾勒出7套准层序组,建立了该区域流沙港组一段的高精度等时地层格架。在构造研究方面,前人对福山凹陷断裂特征,尤其是对深部和浅部两大断裂体系进行了系统的研究,认为福山凹陷对油气富集成藏起到了良好的控制作用,并提出下构造层中反向断层控制的下盘圈闭是最有利的勘探目标(于俊吉,2004;罗群和庞雄奇,2008)。在油气成藏方面,前人分析了岩浆活动与CO_2成藏的关系及其来源问题(李美俊等,2006,2007),通过油气地球化学研究方法对福山凹陷原油的充注方向以及天然气来源进行了研究(李美俊等,2007a,2007b),通过含油气系统特征分析指出白莲次凹的构造带和断裂带是主要的勘探地区(丁卫星等,2003)。在层序方面,前人在福山凹陷斜坡区识别出4种不同类型的层序充填样式,不同层序充填样式控制着不同类型的油气藏圈闭类型(马庆林等,2012)。

近年来,福山凹陷的科研以及勘探力度不断加大,并取得可喜的成绩,陆续发现金凤、花场、永安、美台、朝阳等油田。到目前为止,福山凹陷内已完钻的钻井有270余口,油井主要集中在凹陷的中部花场地区和东部白莲地区。在20世纪末,福山凹陷大部分的油气发现于流沙港组三段层位,以中部花场地区为主要的勘探区域。随着流沙港组三段油气资源勘探殆尽,近年来福山凹陷的主要勘探目标为东部地区流沙港组二段地层和中部地区流沙港组一段地层。随着勘探工作的继续,涠洲组和流沙港组一段的油气勘探取得了重大突破,在花场—白莲地区已有多口探井获得高产和工业油气流,成为福山凹陷重要的油气产地。福山凹陷已经成为北部湾盆地油气勘探的主战场,在天然气、优质凝析油、常规油等方面都取得了重大的勘探突破。

1.3.2 存在的主要问题

虽然福山凹陷在构造、层序、沉积方向取得了一些初步的认识,但由于起步较晚,地质情况复杂,与其他各大油田相比,总体上勘探和研究程度仍然很低。在构造热事件研究方面,福山凹陷尚没有相关的文献报道。在研究区东部白莲地区发现众多异常,例如流沙港组二段埋藏深度小于4000 m,但是实测R_o值却可以达到2.5,远大于埋藏更深的流沙港组三段,而且该地区残余TOC和氯仿沥青A异常低,反映出该地区可能受到除埋藏深度外其他因素的影响。此外,福山凹陷油气分布具有区域分带的特征,东部以生气为主,西部以生油为主,反映着盆地东西部有不同的热事件历史。因此,对福山凹陷展开构造热事件年代学研究不仅具有积极的学术意义,也具有积极的勘探指导意义。

目前福山凹陷拥有花场、花东、金凤、美台、白莲5个主要油气田,仍以构造油气藏勘探为主。近年来,福山油田白莲地区流沙港组二段低位扇勘探也取得了一些突破,但存在油气富集机理不清等问题。尚未有学者在层序地层格架下对油气分布进行统计,对油气富集的控制要素展开探讨,众多与油气富集相关的基础地质问题亟待解答。例如,为何流沙港组一段和流沙港组三段的油气富集于中部花场地区,而流沙港组二段的油气富集于东部白莲地区?其油气分布的控制因素是什么?导致烃源岩过成熟产气的热源来自于哪里?沉积盆地油气的富集往往与构造坡折带类型、构造带发育、储层特征、砂体展布、相态分布等密切相关,因此在等时地层格架下对流沙港组展开油气富集规律控制要素研究具有重要意义。

第 2 章 福山凹陷区域地质特征及层序地层格架

2.1 区域地质构造背景

北部湾盆地位于中国南海北部,位于欧亚板块东南缘,其基底隶属于华南陆块的海域部分。北部湾盆地处于复杂的地质背景中,位于欧亚板块、印度-澳大利亚板块及太平洋板块三大板块的交会处,同时也是古特提斯构造域与古太平洋构造域的叠合地区,其盆地发展受到中国大陆边缘、太平洋、菲律宾海板块运动以及南海洋壳形成演化的影响,形成独特的构造演化特征(Briais et al.,1993;Taylor and Hayes,1983)。国内外学者对南海大陆边缘盆地的形成机制仍有不同的观点和看法,主要的问题集中于洋壳俯冲作用、欧亚板块的碰撞作用及其伴生的构造作用,对盆地形成的贡献大小存在争议,如印度—欧亚板块碰撞引起的逃逸挤出作用(Tapponnier et al.,1982)、古南海俯冲板片拖曳作用(Taylor and Hayes,1983)和太平洋俯冲板块的滚动后撤退作用(Northrup et al.,1995)。虽然机理有所不同,但是目前学者们普遍认为南海形成与南海扩张演化过程密切相关(解习农等,2015)。这些边缘盆地非同步构造演化可以合理地解释为南海不同期次海盆扩展的过程,同时也是地壳由陆壳向着洋壳的方向逐渐伸展拉薄的一个动力学过程。这些大规模的地壳拉张、减薄作用,导致了一系列北东—北北东走向的阶梯状正断层的发育,发育新生代沉积凹陷带。这些沉积凹陷带为我国重要的油气产区(吴世敏等,2001;刘绍文等,2006)。

北部湾盆地主体位于南海大陆架西部,包括北部湾区、雷州半岛南部和海南岛北部的陆地部分,盆地面积约 $3.5×10^4$ km²,其中海域面积约 $1.9×10^4$ km²。在构造上,北部湾盆地位于欧亚板块内,属于板内裂谷盆地,其构造复杂并发育大规模的水平运动和垂直运动。北部湾盆地自北而南由北部坳陷、西部隆起以及南部坳陷 3 个一级地质构造单元组成,共包括 8 个次级凹陷(涠西南凹陷、海中凹陷、乌石凹陷、迈陈凹陷、海头北凹陷、昌化凹陷、雷东凹陷、福山凹陷)以及 3 个盆内凸起(企西凸起、流沙港凸起、临高凸起)(图 2-1)。受区域构造活动影响,北部湾盆地古近纪断裂非常发育,主要为北东向或北东东向正断层,如涠西南大断裂、海头北大断裂;其次为北西向,如定安大断裂、徐闻断裂等。

福山凹陷主体部分位于海南隆起北部的陆上部分,因此海南隆起构造演化对福山凹陷构造演化具有重要意义。海南岛是我国南海海域中最大的一个岛屿,该地区在印支运动时期曾发生大规模的岩浆活动,导致区内地壳的抬升,后期又经燕山运动、喜马拉雅运动等多期次构造事件影响和改造,形成现今近似椭圆形的地貌形态以及各种各样的构造形迹。海南隆起作为周缘盆地最重要的物源供给区,其构造活动对福山凹陷乃至整个北部湾盆地的构造活动、沉积演化都有重要的影

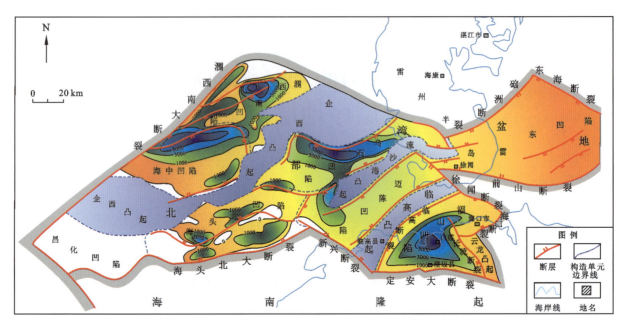

图 2-1　北部湾盆地古近纪主控断裂分布图(据翟光明,1993 修改)

响。而对于海南岛地体漂移的动力机制问题,众多科学家对海南隆起作了细致的研究,提出了海南岛地幔柱学说(Lei et al.,2009；Wang et al.,2012；Huang,2014)。王选策等(2012)通过对海南岛地区火成岩地球化学性质和年代学进行系统研究,再次证明海南岛深部存在一个地幔柱的亚热柱。

2.2　福山凹陷地质特征

福山凹陷是位于北部湾盆地东南缘的一个次级构造单元,总体上是一个南超北断的中、新生代箕状断陷,位于海南省海口市以西 20 km。福山凹陷总面积约 2920 km²,其中位于海南隆起陆上部分约 1900 km²,滩海部分(水深小于 5 m)约 140 km²,海域部分(水深大于 5 m)约 880 km²。

2.2.1　构造发育特征

在平面上,福山凹陷为一典型的箕状断陷,其南部为海南隆起,西北部与临高凸起相接,东部与云龙凸起相邻,具有"南北分带、东西分块"的特征。福山凹陷南以海南隆起为界,西部和东部分别以临高凸起和云龙凸起为邻,盆地形态受到了三大断裂的控制(西北部临高断裂、东北部长流断裂和南部定安大断裂),并向上超覆于海南隆起之上。根据盆地构造发育特征,福山凹陷在平面上自北向南可细分为 4 个次级构造带,即南部斜坡带、中部构造带、中部深洼带和北部断阶带,自西向东可以按照地貌特征划分为皇桐次凹、花场低凸起、白莲次凹和海口次凹 4 个次级构造单元(图 2-2)。

贯穿整个凹陷的东西向剖面(图 2-3)显示福山凹陷呈现出东西分带的构造格局,整体为一个被西部临高断裂和东部长流断裂控制的双断裂地堑型断陷。在凹陷中部地区发育花场低凸起,将

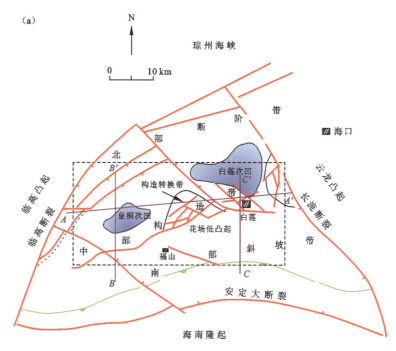

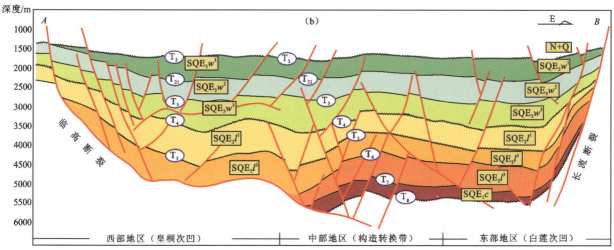

图2-2 北部湾盆地福山凹陷地理位置和构造纲要图

福山凹陷分割为西部皇桐次凹和东部白莲次凹两个次级构造单元。东西向地震剖面显示福山凹陷发育北断南超的箕状断陷构造样式(图2-4、图2-5),而且东部和西部发育不同特征的断裂体系。西部地区受到临高断裂活动的影响,发育多条同沉积断层,断裂活动性强,对沉积充填控制作用较强(图2-4)。在东部地区,垂向上呈现特殊的双层结构,分为深层反向和浅层正向两套断裂体系,两断裂系统大致以T_5界面为界(图2-5)。与西部地区相比,东部地区的浅层正向断裂系统具有断层少、断距小、对沉积充填的控制作用较弱的特征,反映出凹陷东部和西部地区盆地伸展量存在较大的差异(图2-5)。

与南海其他盆地相似,自中—新生代以来,福山凹陷至少经历了三大构造运动。南海北部大陆边缘盆地裂陷作用始于古近纪,神狐运动之后在北部陆缘形成一半地堑,奠定了整个凹陷的基础。

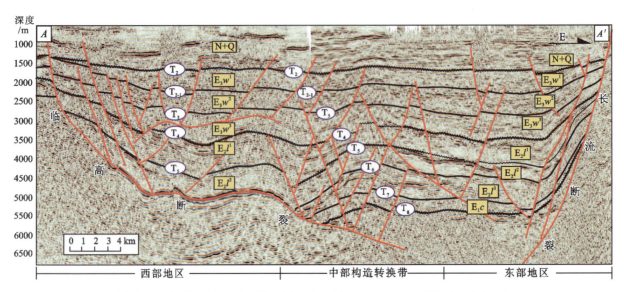

图 2-3 北部湾盆地福山凹陷东西向 A—A' 地震剖面图(剖面位置见图 2-2)

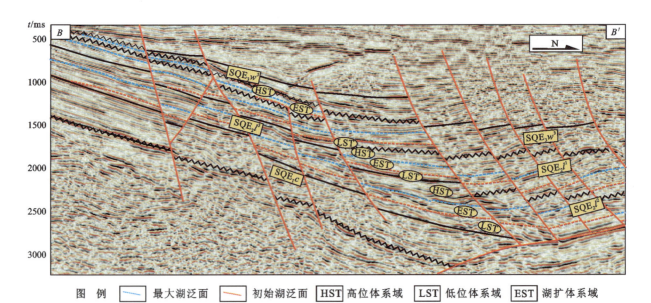

图例 ～～～ 最大湖泛面 ～～～ 初始湖泛面 HST 高位体系域 LST 低位体系域 EST 湖扩体系域

图 2-4 北部湾盆地福山凹陷西部地区南北向 B—B' 地震剖面图(剖面位置见图 2-2)

古新世—始新世的珠琼运动产生了福山凹陷主要形态,形成了长流组(E_1c)和流沙港组(E_2l)为代表的冲积粗碎屑沉积。渐新世—中上新世的南海运动实现了陆缘到海相的过渡,在凹陷内形成了涠洲组(E_3w)陆相湖盆沉积,从分割的断陷连接成大面积海盆的面貌。因此,福山凹陷的构造演化可以简要概括为"神狐运动奠基础,珠琼运动定乾坤,南海运动定凹型"(图 2-4、图 2-5)。

受这些构造运动的影响,福山凹陷新生界内部主要经历了两次大的沉积间断,形成了 3 个大规模的角度不整合界面。凹陷内最明显的角度不整合形成于流沙港组与涠洲组之间(T_4),沉积环境由还原环境转化为氧化环境,沉积相由辫状河三角洲相和湖泊相转化为河流相和浅湖相,沉积物颜色由暗色转为浅色,在区域内见较多的地震削截现象,见明显的地层剥蚀。第二个沉积间断面为位

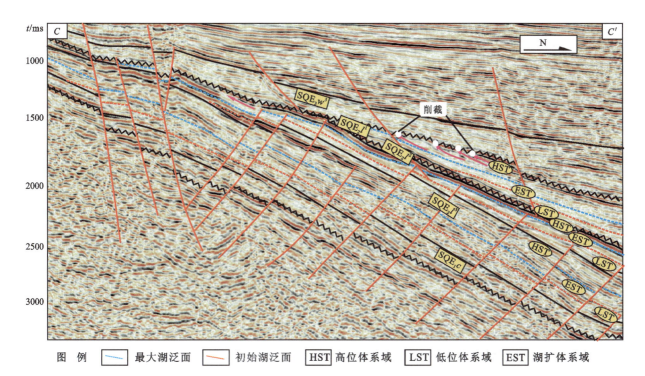

图 2-5 北部湾盆地福山凹陷东部地区南北向 C—C′地震剖面图(剖面位置见图 2-2)

于涠洲组与新近系之间的不整合面(T_2),表现为褶皱不强烈,但火成岩喷发及浅层侵入频繁,同时,沉积环境由陆相转为浅海相,该界面也是一个大型的相变面(图 2-4、图 2-5)。

2.2.2 地层发育特征

与北部湾盆地内其他凹陷类似,福山凹陷发育于古生代地层及中生代中酸性火成岩基底之上的中、新生代断陷盆地。总体上,福山凹陷古近纪、新近纪的沉积充填可以分为 4 个阶段:①古新世至始新世中期的断陷发育早期,该时期发育了长流组红层和流沙港组三段辫状河三角洲沉积;②始新世中期的断陷发育稳定期,该时期湖盆达到最大,湖水加深,发育了湖相的以暗色泥质岩沉积为主的流沙港组二段沉积地层;③始新世晚期断陷发育晚期,该时期湖盆萎缩,物源供给增强,发育以辫状河三角洲和湖相泥岩为主的流沙港组一段沉积地层;④渐新世坳陷发育时期(涠洲组沉积时期),主要发育河流相厚层砂岩与泥岩沉积;⑤中、上新世坳陷扩展转型期,由分割的陆相小凹陷扩展为大面积海盆,形成连片碎屑岩沉积。

福山凹陷新生界特征如下。

(1)前第三纪地层主要发育紫红色砂泥岩、安山玢岩及大量火成岩,构成了福山凹陷基底。

(2)古近纪的长流组主要发育棕红色、暗紫红色砂质泥岩、泥质砂岩及砂泥岩不等厚互层,主要形成于氧化环境的冲积相中,富含钙质、泥灰质团块。

(3)流沙港组以辫状河三角洲沉积和湖相泥岩沉积为主,最大厚度达到 1000 m,主要发育灰—灰白色砂岩、含砾砂岩、砾岩以及深灰—灰黑色泥岩,往盆地中央方向砂岩粒度变细、厚度减薄。依照层序地层学和沉积学基本理论,流沙港组可以视为一个完整的二级旋回,并可以进一步划分为 3

个三级层序,对其地层发育特征论述如下:①下部流沙港组三段以辫状河三角洲沉积为主,湖盆范围较小,物源供给充分,整体沉积特征表现为粗—细—粗变化。油田钻井显示中亚段和上亚段地层,中亚段以一套泥岩为主,上亚段是主力产油气层。②中部流沙港组二段岩性为大套暗色泥岩夹少量砂岩、粉砂岩,地层厚度中心主要位于东部的白莲次凹和西部的皇桐次凹,该时期湖水较深、湖盆较大,物源供给减弱,为盆地的主要生油层位。在东部地区发育大范围火成岩侵入体,最大厚度约200 m。③上部流沙港组一段物源供给再次增强,湖盆范围减小,为下粗上细的砂泥岩组合,以砂泥互层为特征,出现白莲次凹和皇桐次凹两个沉积中心,向中部和南部斜坡地层逐渐变薄,为目前的主力产油层位。

(4)涠洲组是一套快速沉积的河湖、滨海环境的沉积。涠洲组自下而上分为涠洲组三段(E_3w^3)、涠洲组二段(E_3w^2)和涠洲组一段(E_3w^1)三部分。涠洲组主要为一套杂色浅灰色、灰绿色泥岩和灰色、灰白色砂岩与砾岩互层,以河流相沉积为主,沉积中心仍在皇桐次凹和白莲次凹。

(5)新近系中上新统为一套浅海—滨海相沉积,岩性为欠压实的灰白色砂岩、含砾砂岩夹泥线,富含生物化石。

2.2.3 石油地质特征

1. 烃源岩特征与评价

烃源岩是含油气系统和油气成藏的物质基础,烃源岩中沉积有机质直接或间接来源于地球生物,它们的产生、聚集和保存是烃源岩存在的先决条件。福山凹陷烃源岩主要发育于流沙港组中。

流沙港组三段沉积时期,沉积物源主要来自海南隆起,由南部的海南隆起向北部的盆地中心搬运,在斜坡区主要发育辫状三角洲平原和前缘亚相。该层段烃源岩主要发育于皇桐次凹和白莲次凹中。靠近白莲次凹的花东1井,揭露流沙港组三段暗色泥岩地层198 m,占地层厚度43.61%,最大单层厚度20.3 m。暗色泥岩主要分布于流沙港组三段的中上部和流沙港组三段下亚段的上部,具有埋藏深、分布广、成熟度高、生排烃持续时间长等特点。特别是花场白莲地区,长期位于流沙港组三段沉积-沉降中心部位,具备形成流沙港组三段有利生烃凹陷的条件。流沙港组二段沉积时期湖盆范围最大,湖水最深,发育厚达600 m的优质烃源岩,在盆地中心分布广泛。以花东1井为例,暗色泥岩厚358.9 m,占整个流沙港组二段厚度的98%。流沙港组二段暗色泥岩是福山凹陷又一套重要的烃源岩层,尽管其热演化程度不及流沙港组三段,但在半深湖、深湖相泥岩广布的北部地区,有机质已达到生烃门限深度。流沙港组一段烃源岩的分布格局与流沙港组二段基本相似,只是地层厚度明显变薄,半深湖—深湖相泥岩沉积水域的范围也有所缩小,厚度中心略向北移。

福山凹陷有机质丰度分布特征(表2-1)如下:①福山凹陷烃源岩主要分布于流沙港组,其中流沙港组二段有机质丰度最高,流沙港组三段烃源岩次之,流沙港组一段烃源岩相对较差。②据烃源岩评价标准判断,福山凹陷流沙港组一段和流沙港组二段为较好烃源岩,流沙港组三段为较好—好烃源岩。③总体而言,福山凹陷烃源岩条件好,有机质丰度以流沙港组二段最高,以Ⅱ、Ⅲ型为主,有机碳平均为1.51%~1.68%,其次为流沙港组三段和流沙港组一段。

表 2-1 福山凹陷有机质丰度区域统计值

类型 层位	有机碳/%			氯仿沥青 A/%			总烃/×10⁻⁶			生烃潜量/×10⁻³		
	最大值	最小值	平均值 样品数	最大值	最小值	平均值 样品数	最大值	最小值	平均值 样品数	最大值	最小值	平均值 样品数
E_3w^3	0.53	0.01	$\frac{0.10}{63}$	0.02	0.001	$\frac{0.006}{41}$	64	16	$\frac{34}{3}$	0.99	0.01	$\frac{0.276}{16}$
E_2l^1	1.98	0.08	$\frac{0.88}{89}$	0.15	0.011	$\frac{0.07}{24}$	1008	43	$\frac{255}{18}$	6.54	0.04	$\frac{1.336}{58}$
E_2l^2	6.00	0.31	$\frac{1.29}{62}$	0.24	0.03	$\frac{0.086}{15}$	1856	100	$\frac{499}{10}$	9.00	1.28	$\frac{4.049}{19}$
E_2l^3	4.73	0.14	$\frac{1.52}{94}$	0.226 2	0.005 0	$\frac{0.085}{20}$	424	381	$\frac{385}{3}$	5.22	0.24	$\frac{2.198}{13}$

在平面上,福山凹陷烃源岩主要富集于西部皇桐次凹和东部白莲次凹,在次凹中心部位发育多套烃源岩层,而且长期处于湖相、半深湖相沉积区,有机质丰度高、类型好,热演化程度也较高,从而成为福山凹陷最主要的两大烃源岩灶。

2. 储集层特征

福山凹陷构造活动具有多期多旋回性的特征,发育南部海南隆起、东部云龙凸起和西部临高凸起三大物源区,物源供给充分,在凹陷内形成多套储集砂体。福山凹陷目前主要的勘探层位是古近系流沙港组和涠洲组。通过岩芯、薄片观察,研究区流沙港组岩石中碎屑颗粒粒级变化范围大,从细砂—砾石均有,以粗砂、中砂岩为主。岩性以长石岩屑砂岩、岩屑砂岩为主,含少量岩屑长石砂岩。石英含量较高,在50%~62%之间,平均55%,普遍可见石英具次生加大边结构;岩屑含量在23%~40%之间,平均26.7%;长石含量在5%~15%之间,平均8.9%;填隙物含量在5.5%~12%之间,平均含量为9.4%,以自生黏土矿物为主;CMI指数[即石英/(长石+岩屑)]平均值为1.57,成分成熟度和结构成熟度均为中等。储集空间是以次生孔隙为主的粒间孔,可见少量粒内溶孔、填隙物内溶孔、晶间孔及铸模孔。

流沙港组三段砂岩储层主要围绕东部白莲次凹斜坡、断阶带和南部斜坡带发育,砂岩厚度普遍大于100 m,而皇桐次凹附近储层发育较差,砂岩薄,一般只有20~30 m。储层孔隙度4.8%~32.6%,平均15.6%;渗透率(0.057~1 681.6)×10⁻³ μm²,平均60.3×10⁻³ μm²;为中孔中渗透储层。流沙港组一段有利的砂岩储层主要分布于花场、美台和南部斜坡区,储层厚度为100~200 m,总体为低孔中渗透储层。

3. 盖层特征

福山凹陷流沙港组发育多套盖层,其中以流沙港组二段的盖层最典型。流沙港组二段在全凹陷广泛分布黑—深灰色泥岩,最大厚度达350 m,是福山凹陷最大范围的区域盖层,对流沙港组三段油气起到良好的封堵作用。此外,流沙港组一段和流沙港组三段以砂岩与泥岩互层为特征,在辫状河三角洲砂体中发育大量泥岩夹层,形成了良好的局部盖层,对于油气富集起到良好的封堵作用。与流沙港组相比,涠洲组岩性以含砾砂岩为主,普遍较粗,泥岩含量少,不利于油气封盖和保存。但是在凹陷北部,泥岩夹层分布仍较稳定,泥岩厚度也相对较大,有时可达数十米。

4. 圈闭特征

从福山凹陷目前的油气发现来看,主要发育自生自储型、下生上储型两种生储盖类型,在区域上可分为4套生储盖组合。第一套生储盖组合以流沙港组三段作为生油层,流沙港组三段砂岩作为储集层,流沙港组二段作为区域盖层,流沙港组一段是主要的勘探层位。第二套生储盖组合以流沙港组二段和流沙港组一段泥岩作为生油层,流沙港组一段中亚段砂岩作为储集层,流沙港组一段上部泥岩薄层作为盖层,主要的勘探层位为流沙港组一段高位体系域。第三套生储盖组合主要发育于流沙港组二段低位体系域湖底扇的沉积中,发生"自生自储自盖"的生储盖组合,以发育于次凹中心的流沙港组二段厚层泥岩作为生油层和盖层,以泥岩中间发育的湖底扇砂体作为储集体。第四套生储盖组合是以流沙港组一段泥岩作为生油层,涠洲组三段上亚段作为储集体,涠洲组二段底部泥岩作为盖层。经过凹陷内的断层、不整合面的沟通与调节作用,福山凹陷呈现出丰富多彩的生储盖组合类型。

福山凹陷圈闭类型主要以构造圈闭、岩性圈闭和构造-岩性复合圈闭为主,目前凹陷主要的勘探目标仍然为构造圈闭和岩性圈闭。构造圈闭按成因可分为4种类型:第一类是受基底隆起控制型,导致地层处于高部位,例如花场、花东、美台、乌石等构造圈闭;第二类主要受控于凹陷边界断裂活动,边界断层对油气富集起到了良好的控制作用,例如金凤、朝阳、美台等构造圈闭;第三类圈闭主要受控于凹陷内部同生断裂滑动的逆牵引力,例如永安构造圈闭;第四类圈闭指发育于南部斜坡带上的受深层反向断裂系统控制的断块油气圈闭,例如白莲断块群和花场断块群。福山凹陷岩性圈闭主要发育于湖盆中心的流沙港组二段湖底扇沉积砂体。值得指出的是,前人研究表明福山凹陷纵向上发育的"双层结构"对于油气成藏起到了良好的控制作用。T_6以下为深层反向断裂系统,发育南倾的正断层组合,对流沙港组三段的油气具有良好的封堵作用,促使油气在流沙港组三段中富集成藏(罗群和庞雄奇,2008)。而T_6以上的浅层正向断裂系统,则发育北倾的正断层组合,对油气具有很好的输导作用,导致油气大量流失而难以成藏和保存(于俊吉等,2004;罗群和庞雄奇,2008)。

5. 原油性质

福山凹陷已发现的油气以凝析油、轻质油和伴生天然气为主。在西部美台和永安地区以正常的黑油为主,在东部白莲地区主要富含天然气。大部分油井具有油气共生的特点,天然气以湿气为主,天然气中含有不同数量的非烃气体。福山凹陷原油密度变化范围大,原油密度从北往南逐渐增加,直至0.86 g/cm³。中部花场地区原油密度(0.7540 g/cm³)远低于西部的皇桐地区原油密度(0.9516 g/cm³)。在纵向分布上,自下而上从流沙港组三段、流沙港组二段、流沙港组一段到涠洲组,原油密度逐渐增加,涠洲组原油密度超过0.92 g/cm³(李美俊等,2006)。

2.3 福山凹陷层序地层格架建立

2.3.1 层序地层学基本理论

20世纪70年代,Vail等(1977)对北美被动大陆边缘盆地展开沉积学研究,推出了以海平面升降作为驱动,以不整合面以及与之对应的整合面为边界的层序发展的理论体系,并称之为层序地层学。层序地层学研究的基本对象为层序格架内具有成因联系的相,以不整合面及与此对应的整合面作为相之间的边界(Van Wagoner et al.,1990)。层序地层学经过多年的发展,不同学者结合自己的研究实践,从不同角度、不同思路、不同层次展开研究,提出了有别于Vail的层序划分方案。以Galloway为代表的成因层序地层学强调最大海平面作为层序的分界面(Galloway,1989)。以Johnson为代表的海进-海退旋回层序地层学以地表不整合面作为层序的边界,并据此将层序划分为海进体系部和海退体系域(Johnson et al.,1995)。以Cross为代表的高分辨率层序地层学派把受海平面变化、构造沉降、沉积负载相关联的沉积基准面变化作为层序划分的依据(Cross and Homewood,1997)。

把层序地层学理论应用到陆相沉积盆地的研究中是层序地层学理论的完善和发展(顾家裕,1995)。自徐怀大教授将层序地层学引入中国以来,中国学者致力于陆相层序地层学研究,建立了真正意义上的陆相层序地层学。在陆相层序地层学中,构造对层序样式的发育具有极为重要的意义(吴因业,1997;冯有良等,2000;Leeder et al.,2002;Xie et al.,2008;Cope et al.,2010)。以Vail为代表的Exxon研究小组提出的经典层序地层学理论将三级层序划分为低位体系域(LST)、海侵体系域(TST)和高位体系域(HST)(Vail,1977)。但是,陆相层序地层学与海相具有较大的差异,除了相对湖平面变化外,其演化过程与构造活动、物源供给、古气候等因素密切相关。相对湖平面的变化是构造沉降、气候变化、沉积物供给等层序发育因素综合作用的结果。在体系域命名上,我们将层序划分为低位体系域(LST)、湖扩体系域(EST)和高位体系域(HST)三大体系域(王华等,2010;Chen et al.,2012)。

2.3.2 福山凹陷层序地层格架搭建

界面识别及层序(体系域)划分是建立等时层序地层格架的基础。项目研究团队综合利用测井、岩芯、三维地震、地球化学及古生物等资料,进行层序划分与体系域识别。现将福山凹陷层序地层格架建立的标准简要论述如下。

1. 测井层序界面识别

福山凹陷共有250余口钻井,为层序界面的识别提供良好的资料基础。层序界面在测井曲线上往往有明显的反应(图2-6),主要体现在:①由于长时间沉积间断导致的不整合现象;②界面上下测井曲线发生突变;③界面上下录井岩性或者岩石颜色发生明显的突变。

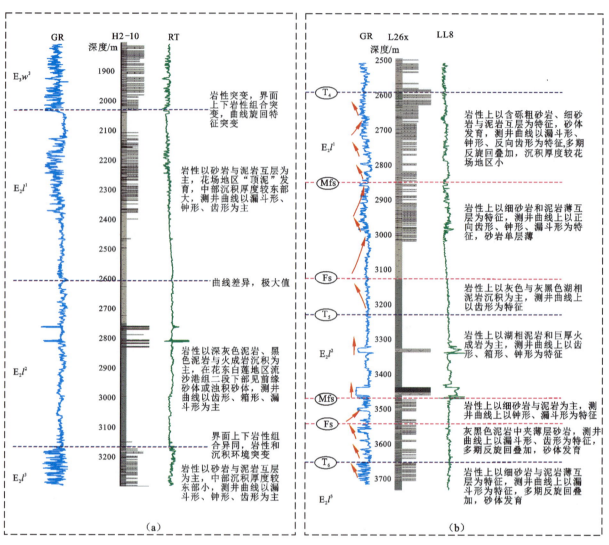

图 2-6　北部湾盆地福山凹陷利用测井和岩性资料进行层序界面(a)及体系域界面划分(b)示例

2. 地震层序界面识别

地震反射的终止方式主要有削截(或削蚀)、顶超、上超和下超 4 种类型(图 2-7)。例如,福山凹陷 T_4 界面在三维地震剖面上表现为低频、强振幅、连续地震反射的特征,见较多的削截现象(图 2-8),反映出 T_4 界面是一个较大的不整合界面,海南隆起抬升遭受严重的剥蚀。再者,上超接触在研究区也较为常见,在南部斜坡区,水进导致湖平面扩张,进而导致沉积向陆地方向发生退覆,在地震剖面上表现为地层的上超接触,这种现象在东部斜坡区很常见,可以用来识别层序的底界面(图 2-9)。除了通过这 4 种接触关系确定层序界面外,界面的地震特征也可以用来确定层序或体系域界面。例如,最大湖泛面同相轴在研究区较为稳定,普遍表现为强振幅、高连续等特征。

3. 井震标定

通过合成记录,将单井上识别出的层序界面与三维地震联系在一起,完成地震工区井震标定,

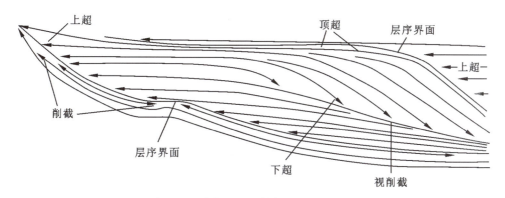

图 2-7 层序界面及内部地震反射类型(据 Van Wagoner 等,1990)

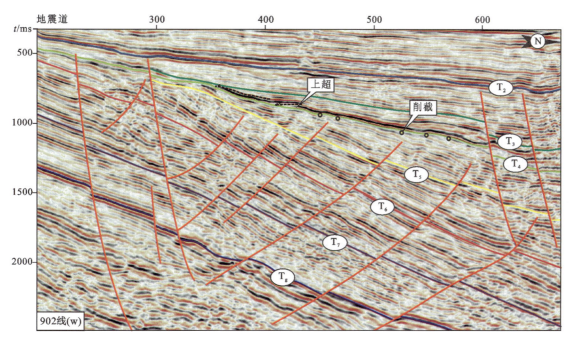

图 2-8 北部湾盆地福山凹陷西部地区 902 线地震反射特征

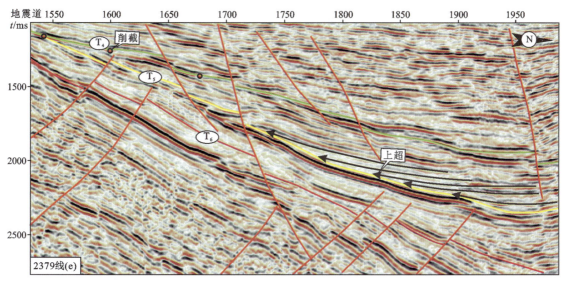

图 2-9 北部湾盆地福山凹陷东部地区 2379 线地震反射特征

进而实现井资料与地震资料相互验证。研究区拥有 10 余口井的垂直地震剖面(VSP)数据资料,在研究区共完成井震标定 60 余口,实现研究工区储层精细标定,实现标定多信息融合。

4. 福山凹陷层序格架搭建

以层序地层学为基础,通过对地震反射终止和钻井界面识别,在福山凹陷古近系识别出 8 个层序界面(T_g、T_7、T_6、T_5、T_4、T_3、T_{2-1}、T_2),其中研究区重点勘探层系流沙港组识别出 T_7、T_6、T_5、T_4 共 4 个层序界面,流沙港组可以被细分为 3 个三级层序,从下至上分别为 SQE_2l^3、SQE_2l^2、SQE_2l^1。在每个三级层序内部,可以进一步细分为低位体系域(LST)、湖扩体系域(EST)和高位体系域(HST)(图 2-10)。

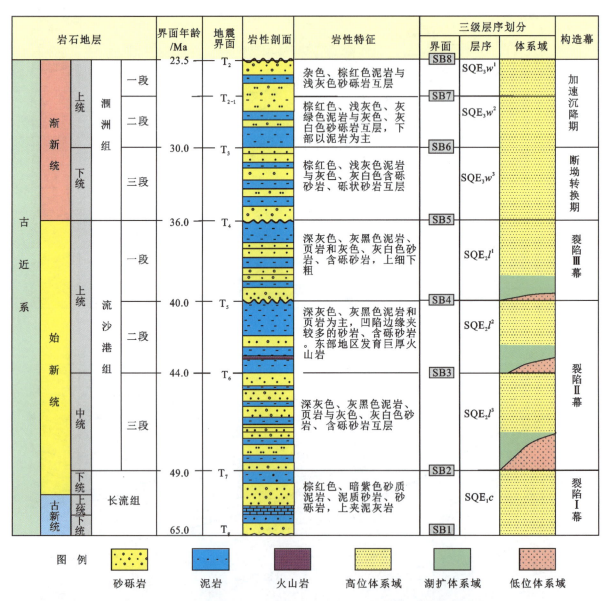

图 2-10 北部湾盆地福山凹陷新生代层序地层及沉积充填演化序列图

第3章　福山凹陷沉积充填特征

盆地研究的首要重点是对沉积体系的剖析：一方面盆地基底沉降、沉积物供给等控制着沉积体系的发育演化特征（吴崇筠，1988；Davies et al.，1990；Braecini et al.，1997；王旭东和卢桂香，2002）；另一方面沉积体系控制了不同沉积岩体的空间展布，从而控制了有利储集体的空间分布。因此，沉积体系分析的主要目的就是在层序地层格架的约束下，分析沉积体系的发育类型、相带的空间展布，探讨沉积体系发育的控制因素，结合储层分析预测油气勘探的有利相带。

3.1　福山凹陷沉积体系识别

沉积相研究的重点在于岩芯的观察。针对不同构造部位的多口单井，首先识别出各个单井的沉积产物，建立各个单井的沉积相，而后利用"点—线—面—体"的研究思路，得出研究范围内不同层段沉积体系的时空演化及展布特征。通过以上分析，本次研究在福山凹陷流沙港组主要识别出了扇三角洲、辫状河三角洲、湖泊、重力流等沉积体系。

1. 扇三角洲沉积体系

扇三角洲沉积体系是由冲积扇提供物质并沉积在活动扇与静止水体分界面处的，全部或大部分位于水下的沉积体。扇三角洲前缘主体位于水下。在扇三角洲前缘组合中，河口坝沉积和水下重力流沉积是比较重要的部分。近端河口坝呈席状分布，厚度多在1 m左右，重力流成因较普遍，向陆一侧与扇三角洲平原相连，向湖（海）一侧则渐变为远端河口坝碎屑沉积体。除此之外，扇三角洲前缘组合还包括远端河口坝和浅水重力流沉积。福山凹陷扇三角洲沉积体系主要发育于凹陷北部、临高断裂下盘（凹陷西部）和长流断裂下盘（凹陷东部），并识别出扇三角洲前缘（图3-1）和平原沉积相。扇三角洲沉积主要发育于流沙港组一段和流沙港组三段，包括水下分流河道、水下分流间湾、河口坝、远沙坝等多种沉积微相。

2. 辫状河三角洲沉积体系

在福山凹陷中，辫状河三角洲前缘是比较发育的沉积相类型，主要位于流沙港组一段和流沙港组三段，常发育水下分流河道、水下分流间湾、河口坝、远沙坝等沉积微相（图3-2）。水下分流河道底部常发育河床滞留沉积，以砾岩和含砾粗砂岩为主，底部常发育一冲刷面，表现为几个正旋回叠加。河口坝沉积在研究区内流沙港组一段和流沙港组三段广泛发育，表现为砂泥互层，砂岩以细砂岩和中粗砂岩为主，波状层理发育，测井曲线上表现为反旋回，呈漏斗状，砂岩中局部见变形构造。

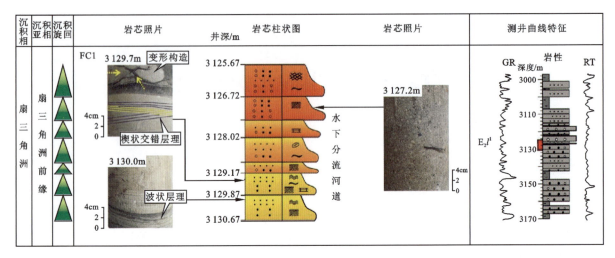

图 3-1 福山凹陷典型扇三角洲沉积相岩芯沉积相分析图

远沙坝沉积在研究区内流沙港组一段和流沙港组三段广泛发育,表现为为砂泥互层,砂岩较河口坝沉积细,以细砂岩和粉砂岩为主,波状层理发育,测井曲线上表现为反旋回,呈漏斗状。辫状河三角洲前缘沉积在研究区广泛发育,主要发育于福山凹陷南部斜坡区,物源来自海南隆起,以辫状河三角洲前缘沉积为主,在靠近海南岛区域还发育辫状河三角洲平原沉积。

3. 湖泊沉积体系

福山凹陷内的湖泊相主要是碎屑型湖泊相,以碎屑沉积物为主,很少或基本没有化学沉积物。以枯水面、洪水面和浪基面为界面,且考虑到气候背景,可将湖泊划分为深湖和半深湖、滨浅湖、扩张湖等亚相类型。滨湖亚相位于湖盆边缘,沉积宽度受控于地形坡度,若地形陡,则宽度窄;其沉积环境和沉积作用复杂,因此沉积物类型具有多样性,可能有高能环境下的粗粒砂砾岩沉积,也可能有低能环境下的黏土沉积。浅湖亚相水体较滨湖深,基本位于水下,其沉积产物受波浪和湖流作用的影响较强;岩石类型以浅灰色、灰绿色泥岩和粉砂岩为主,可夹有少量薄层或透镜状砂岩;层理类型多为水平层理和波状层理;在自然电位曲线上一般表现为低幅度平滑夹少量细锯齿状曲线。

在福山凹陷岩芯观察过程中,识别出湖泊相,主要发育于流沙港组二段,主要为半深湖—浅湖沉积相(图3-3)。在花东和永安地区岩芯观察中识别出湖泊沉积相,发现很多动植物化石及典型的沉积构造。皇桐次凹和白莲次凹的湖盆深处发育半深湖泥岩,见滑塌变形构造,泥岩发生强烈变形。

4. 重力流沉积体系

根据沃克分类方案,重力流根据海洋深水碎屑岩相概括为典型浊积岩和非典型浊积岩。典型浊积岩具有不同段数鲍马序列。一个完整的鲍马序列由5或6个段组成。A段为底部递变层段,主要为砂岩,底部含砾石;B段为下平行纹层段,多细砂和中砂,含泥质,显平行纹层;C段为流水波纹层段,以粉砂为主,有细砂和泥质,呈小型波状层理和攀升层理,并常见包卷层理等;D段主要由粉砂岩和粉砂质泥岩组成,具有水平纹理;E段为泥岩段,为块状泥岩,为低密度重力流沉积;F段

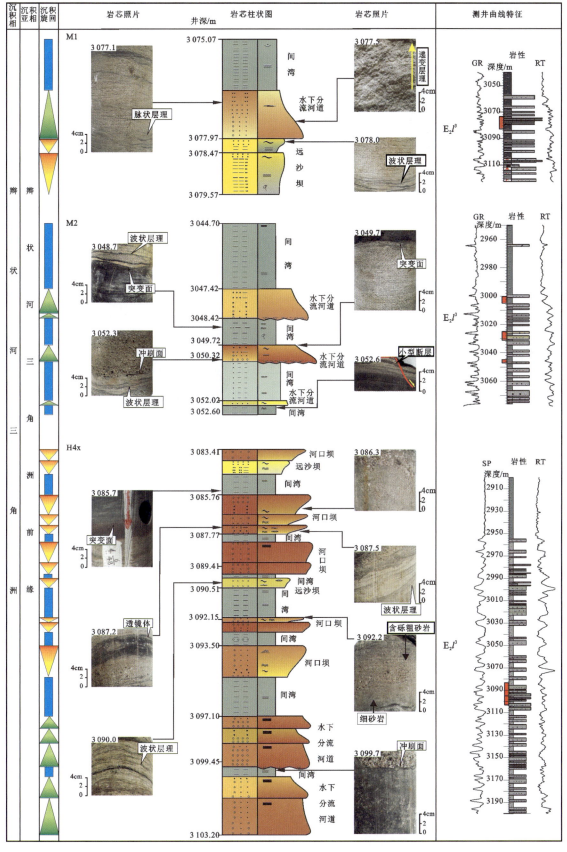

图 3-2 福山凹陷典型辫状河三角洲沉积相岩芯沉积相分析图

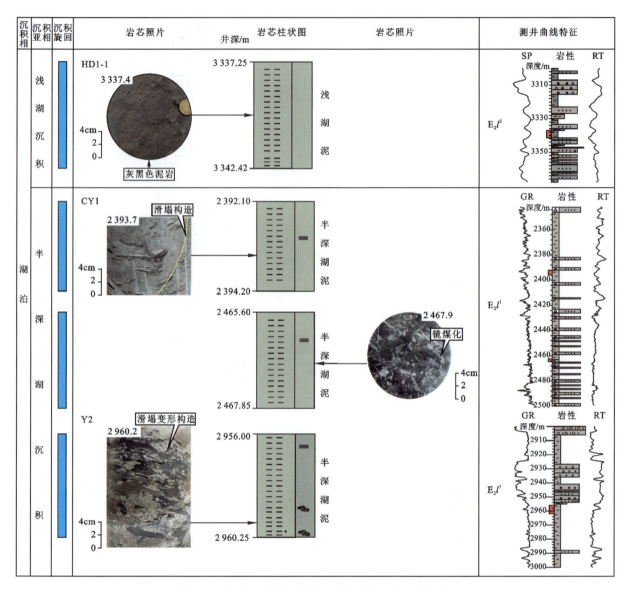

图 3-3 福山凹陷典型湖泊沉积相岩芯沉积相分析图

为深水页岩沉积。非典型浊积岩包括块状砂岩、叠复冲刷粗砂岩、卵石质砂岩、滑塌岩等。滑塌型重力流特征表现为：多个下粗上细旋回，旋回底部强烈冲刷，含泥砾，大型交错层理中粗砂发育，上部迅速变为波状层理细砂岩，顶部为含植物茎的薄层深灰色泥岩，局部可见滑塌变形构造和包卷层理，测井曲线主要呈低幅参差尖齿状(图 3-4)。在福山凹陷岩芯观察过程中，重力流是比较发育的沉积相类型，主体位于皇桐次凹和白莲次凹的湖盆中心。

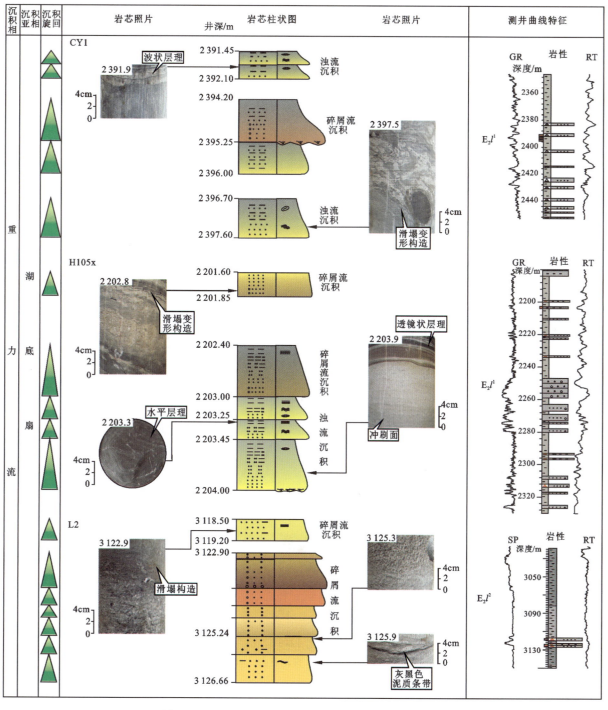

图 3-4 福山凹陷典型重力流沉积相岩芯沉积相分析图

3.2 福山凹陷物源体系与测井相

福山凹陷内南北分带、凸凹相间的发育特征较为显著,具有多个次级构造单元,且物源主要为凹陷凸起部位。由于地震资料的覆盖范围有限,凹陷北缘临近北部断阶带的区域并没有得到切实的研究,根据构造格局以及福山凹陷在北部湾盆地所处的地理位置初步判断北部还有来自临高凸起的物源(图3-5)。

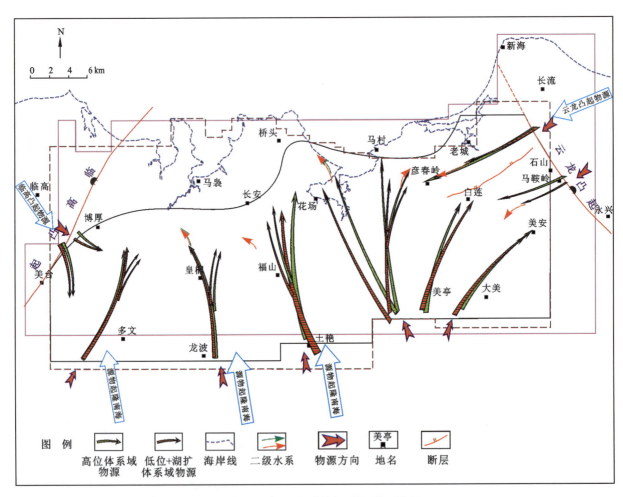

图3-5 福山凹陷流沙港组物源体系分析

陆相地层中,勘探开发隐蔽油气藏的重中之重是对沉积微相的研究。研究过程中,由于受基础地质资料的限制,单井沉积微相的划分无法完全依赖岩芯资料,因研究区内的钻井不可能全部且全井段取芯,而所有的井都可以进行测井工作,并且测井曲线能够反映出研究所需的地质信息,因此,岩芯资料和测井曲线相结合是进行沉积微相研究的有效手段。沉积相主要依据测井曲线的幅度、曲线形态、接触关系以及曲线光滑程度等来划分。通过对研究区流沙港组的测井曲线形态及垂向变化关系分析,利用自然伽马(GR)、电阻率(RT)和深侧向测井(RLLD)曲线形态来反映福山凹陷白莲—永安地区流沙港组沉积微相的特征,建立了微相-测井相模版(图 3-6),并以四级层序为单位,编制了流沙港组的测井相平面分布图。

名称		代号	测井曲线		主要微相或亚相	形态幅度
钟形SH	光滑钟形	SH1	GR	RT	水下分流河道	整体为中幅平滑钟形,局部出现弱齿化
	台阶状钟形	SH2	GR	RLLD	水下分流河道、决口河道	低幅齿化递变钟形曲线
	大型齿状钟形	SH3	GR	RT	辫状河道	大型齿化钟形曲线,局部显锯齿状
	小型齿状钟形	SH4	GR	RT	辫状河道边部	小型齿化钟形曲线,锯齿状不明显
箱形T	光滑箱形	T1	GR	RLLD	水下分流河道浊积水道	整体呈现平滑箱形曲线,局部弱齿化
	大型齿状箱形	T2	GR	RLLD	辫状河道	大型齿化箱形曲线,局部显锯齿状
	小型齿状箱形	T3	GR	RLLD	水下分流河道边部	小型齿化箱形曲线,锯齿状不明显
弯弓形		O	GR	RLLD	近端河口南	上部为钟形,下部为漏斗形曲线,整体为低幅弱齿化
漏斗形H	台阶式漏斗形	H1	GR	RT	河口坝	低幅弱齿化递变漏斗形曲线
	波状漏斗形	H2	GR	RLLD	远沙坝	整体为低幅齿化漏斗形曲线
薄层指形		X	GR	RT	前三角洲浊积砂体	上下两处明显的指形曲线,局部弱齿化
尖齿形		C	GR	RLLD	越岸沉积	低幅齿化曲线
平直基线形		M	GR	RLLD	浅湖、深湖、分流间湾泥岩	曲线整体变化幅度不大,在基值处徘徊
漏斗形-钟形组合		H+SH	GR	RLLD	上部为河口坝,下部为水下分流河道	由上而下曲线幅度呈大—小—大变化,局部弱齿化
漏斗形-箱形组合		H+T	GR	RLLD	由上而下依次为天然堤和水下分流河道	上下幅度高,中间相对幅度较低
箱形-漏斗形组合		T+H	GR	RLLD	上部为水下分流河道,下部为河口坝	上部高幅,下部向下幅度变低,弱齿化

图 3-6 福山凹陷永安—白莲地区流沙港组测井相模板

3.3 联井沉积相分析

层序地层样式和沉积体系的重要分析方法是层序地层对比。层序地层对比的目的在于分析层序在空间上的分布样式,且在层序格架内部识别出不同级次的基准面旋回和不同沉积体系的空间分布形态;除此之外,还能和对应的地震剖面相互对比,进而为层序、体系域界面识别以及沉积体系的划分提供依据。

1. 南北向典型联井剖面层序地层精细解释

该测线近南北向,自南向北穿越南部斜坡带、中部凹陷带、北部断阶带等构造单元,整体呈现出北断南超的箕状半地堑形态(图 3-7)。南部斜坡带在深层长流组、流沙港组三段主要发育南倾的反向断层。SQE_2l^3 沉积时期,低位体系域、湖扩体系域和高位体系域均发育,并以辫状河三角洲体系为主,反映了该时期物源充足,沉积体系分布范围广。SQE_2l^2 沉积时期,除斜坡上部平台遭受部分剥蚀外,低位体系域、湖扩体系域和高位体系域均发育辫状河三角洲体系,表明该测线位于南部斜坡物源供给的主通道,因而在区域上的湖扩时期,碎屑供给仍很充足。SQE_2l^1 沉积时期,由于南部海南隆起的持续隆升导致沉积体系的分布范围明显减小,但丰富的物源仍继承发育,低位体系域、湖扩体系域和高位体系域均发育辫状河三角洲体系。

中央凹陷带长流组、流沙港组三段不发育,反映下部地层遭受滑脱缺失。南侧上部地层沉积明显受控于美台断裂,在断裂下降盘地层明显增厚,砂体增多,主要为辫状河三角洲前缘沉积。凹陷底部则发育大规模低位扇沉积。北侧地层主要为扇三角洲前缘沉积,但物源推进不远,反映碎屑物质供给不充分。

2. 东西向典型联井剖面层序地层精细解释

测线近东西方向,自西向东穿越南部斜坡带的中下部(图 3-8)。测线西部受临高断裂控制,表现为陡坡带构造地貌,但来自临高凸起物源供给较弱,碎屑体系规模和推进距离较小,发育小规模的扇三角洲体系。

测线中部整体反映了来自南侧海南隆起物源供给导致碎屑体系沿着斜坡带向凹陷推进的特征。沿着美台、红光和白莲-花场 3 个构造带,流沙港组辫状河三角洲体系广泛分布。SQE_2l^3 沉积时期为物源供给最强时期,尤以白莲地区最为显著,低位体系域、湖扩体系域和高位体系域均发育大规模辫状河三角洲体系。美台和红光地区三角洲体系的规模相对次之。SQE_2l^2 沉积时期,区域上处于湖扩时期,因而碎屑体系供给逐渐减弱,除低位三角洲在 3 个构造带小规模分布外,湖扩体系域和高位体系域均以湖泊体系为主。SQE_2l^1 沉积时期,低位体系域仅在红光和美台地区分布,发育低位三角洲沉积。由湖扩体系域至高位体系域,碎屑物供给逐渐增强,三角洲分布范围逐渐扩大。

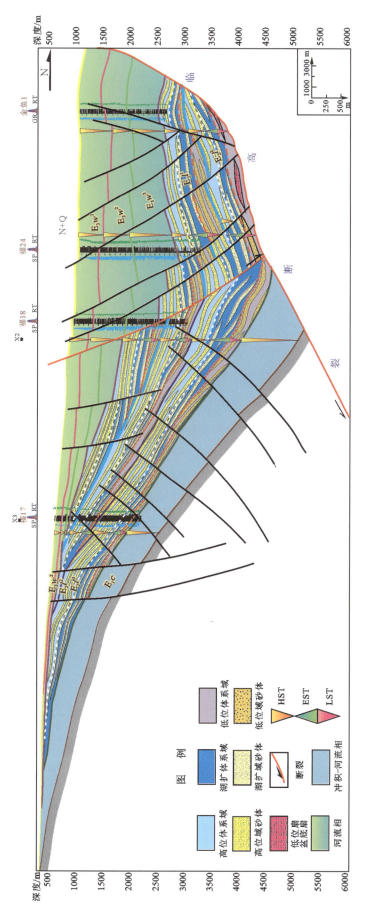

图 3-7 福山凹陷南北向典型地震剖面层序地层解释

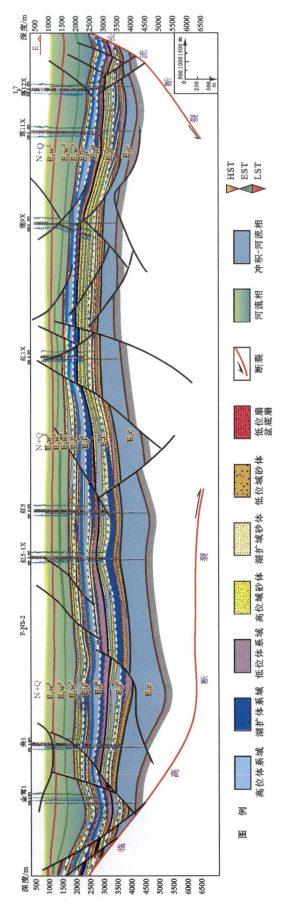

图3-8 福山凹陷东西向地震剖面层序地层解释

3.4 沉积体系时空展布及其演化

以福山凹陷钻井、地震资料为基础,通过统计研究区的砂岩百分含量和砂岩厚度,编制砂体百分含量图和砂体厚度图。结合层序剖面、重矿物、测井、岩芯等资料对福山凹陷古近系流沙港组的沉积体系的空间配置关系进行了分析。

1. 流沙港组三段层序(SQE_2l^3)沉积体系平面展布分析

层序 SQE_2l^3 发育时期,福山凹陷处于盆地发育的裂陷初期,断裂活动开始逐渐发育,盆地扩张,水体范围扩大,沉积物的供给仍很充足,但由于盆地范围的扩大,凹陷中心处表现为欠补偿沉积。该时期,沉积体系发生明显变化,由长流组沉积时期冲积-河流相向湖泊相转化。

低位体系域(LST)和湖扩体系域(EST)沉积特征(图3-9)表现为:钻穿该层系的钻井揭示,下部地层岩性普遍偏粗,以灰白色砂砾岩、含砾砂岩为主,夹薄层杂色泥岩,电测曲线表现为箱形,自然电位为高值,反映层序具有早期河流相向三角洲体系转化的特点。该时期主要沉积体系类型表现为辫状河三角洲沉积,并以平原亚相分支河道为主,朵体主要发育于福山凹陷南部斜坡区。由斜坡向凹陷过渡地区,泥岩含量增加,以砂泥互层为主,表现为三角洲前缘水下分流河道和河口坝特点。上部地层泥质含量增加,反映湖水扩张、碎屑供给略有减弱的特点。由斜坡向凹陷中心,大套

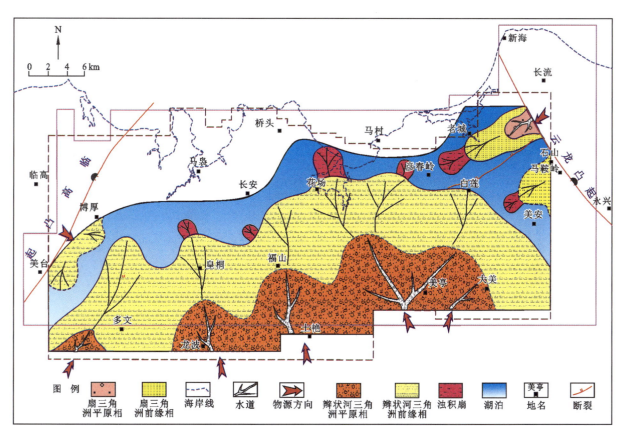

图3-9 福山凹陷流沙港组三段低位+湖扩体系域(LST+EST)沉积相图

灰色、灰黑色泥岩发育，反映水体范围扩大、湖泊体系泥岩发育的特征，为流沙港组三段很好的烃源岩发育层系。

SQE_2l^3 高位体系域（HST）沉积特征（图 3-10）表现为：该时期，海南隆起碎屑供给充足，南部斜坡带岩性普遍以灰白色砂岩为主，发育大规模、大范围辫状河三角洲体系，具体包括水下分流河道、河口坝、远沙坝等沉积微相。受东侧云龙凸起物源供给，沿金凤地区发育一个扇三角洲朵体，受两侧断裂控制，该朵体推进范围远，侧向范围不大。西侧推测受临高凸起小规模物源供给，发育小规模扇三角洲体系。

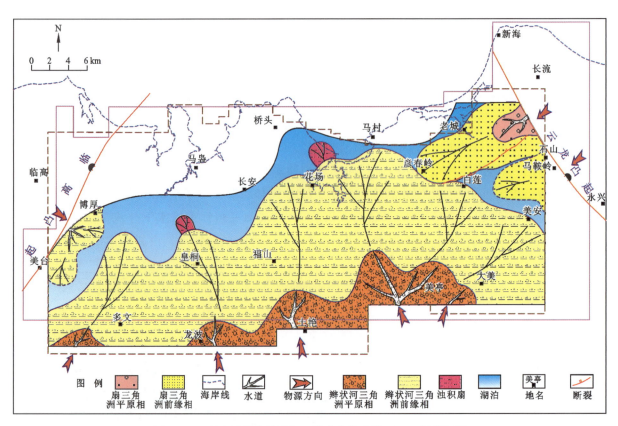

图 3-10 福山凹陷流沙港组三段高位体系域（HST）沉积相图

2. 流沙港组二段层序（SQE_2l^2）沉积体系平面展布分析

层序 SQE_2l^2 发育时期，福山凹陷处于区域湖扩时期，湖水范围迅速扩大，同时受美台断层强烈活动，盆地快速沉降，因而该时期盆地以发育湖泊体系为主。

SQE_2l^2 低位体系域（LST）和湖扩体系域（EST）沉积特征（图 3-11）表现为：该层系发育时期，盆地处于大范围湖扩的初期，因而碎屑体系相对比较发育，凹陷南部斜坡带东西两侧有明显差别。西侧碎屑体相对发育，但相比流沙港组三段沉积时期，辫状河三角洲分布范围和规模都变小，三角洲前端仅推进到红光地区。三角洲前缘发育小规模的浊积扇体，位于美台附近。该时期由于美台断裂强烈活动，因而受其控制，在断裂下降盘发育较大规模低位扇体，位于永安地区。南部斜坡带东侧辫状河三角洲分布规模相对变小，凹陷东侧受云龙凸起物源供给，发育一个推进较远的扇三角洲朵体。

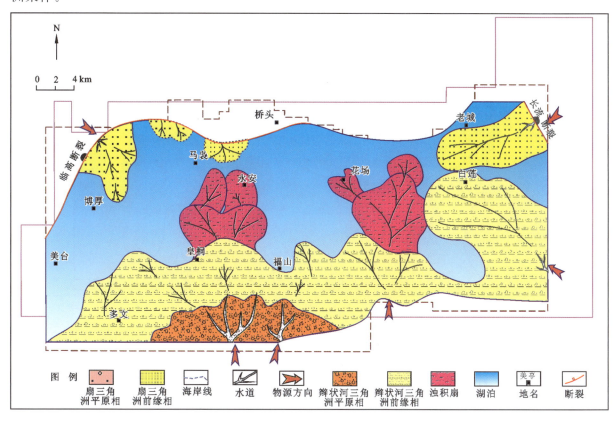

图 3-11 福山凹陷流沙港组二段低位＋湖扩体系域(LST＋EST)沉积相图

SQE_2l^2 高位体系域(HST)沉积特征(图 3-12)表现为：该时期普遍面貌是碎屑体系供给严重不足。南部斜坡带东西两侧仍有重大差别。东侧的辫状河三角洲朵体仍继承发育，但规模略有扩大。在前缘的美台地区，继承发育浊积扇体。受美台断裂强烈活动的控制，在断裂下降盘发育大规模低位扇体。南部斜坡带西侧三角洲分布明显萎缩，仅发育小规模辫状河三角洲。该三角洲前缘位于花东和白莲附近，推测发育小规模浊积扇体。凹陷西侧受临高凸起小规模物源供给，发育小范围扇三角洲朵体。凹陷东侧云龙凸起几乎不提供物源，莲17井区附近发育小规模浊积扇体。

3. 流沙港组一段层序(SQE_2l^1)沉积体系平面展布分析

层序 SQE_2l^1 发育时期，由于海南隆起大幅隆升，福山凹陷物源供给再次增强，南部斜坡广大区域处于剥蚀区，沉积体系分布范围明显向北迁移。

SQE_2l^1 低位体系域(LST)和湖扩体系域(EST)沉积特征(图 3-13)表现为：该层系发育时期，处于盆地大范围湖扩的末期，因而体现了碎屑体系逐渐增强的面貌。南部斜坡带相比流沙港组二段高位体系域发育时期，辫状河三角洲分布范围和规模明显扩大。南部斜坡带美台构造、红光构造和花场-白莲构造大范围分布辫状河三角洲体系，三角洲前缘部位发育浊积扇体。南部斜坡带发育规模相对较小的辫状河三角洲，朵体前端发育小规模浊积扇体。凹陷西侧受临高凸起小规模物源供给，发育小范围扇三角洲朵体，朵体前端发育小规模浊积扇体。

SQE_2l^1 高位体系域(HST)沉积特征(图 3-14)表现为：该层系发育时期，体现了物源供给最强

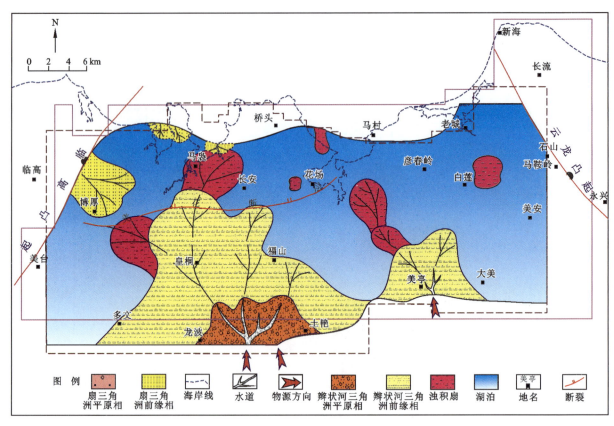

图 3-12　福山凹陷流沙港组二段高位体系域(HST)沉积相图

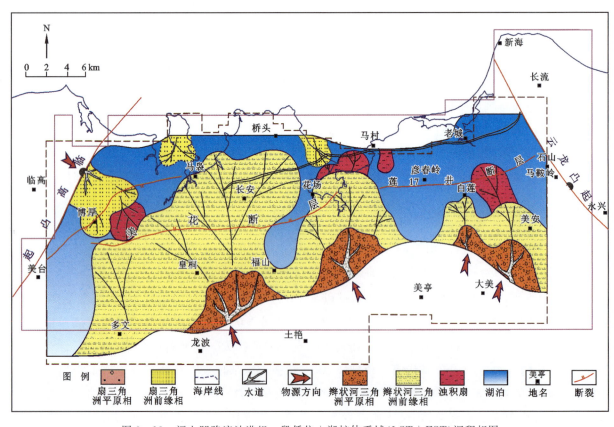

图 3-13　福山凹陷流沙港组一段低位+湖扩体系域(LST+EST)沉积相图

盛时期的面貌。南部斜坡带广泛发育辫状河三角洲体系。南部斜坡带美台构造、红光构造和花场-白莲构造发育3个大的三角洲朵体。美台构造处受美台断裂强烈活动控制,发育大型浊积扇体。在花场地区三角洲前缘部位发育小型浊积扇体。南部斜坡带东侧发育规模相对较小的辫状河三角洲。凹陷西侧临高凸起物源供给有所增强,发育扇三角洲体系,三角洲前缘推测发育浊积扇体。凹陷东侧受云龙凸起物源供给,发育较大规模的扇三角洲体系。

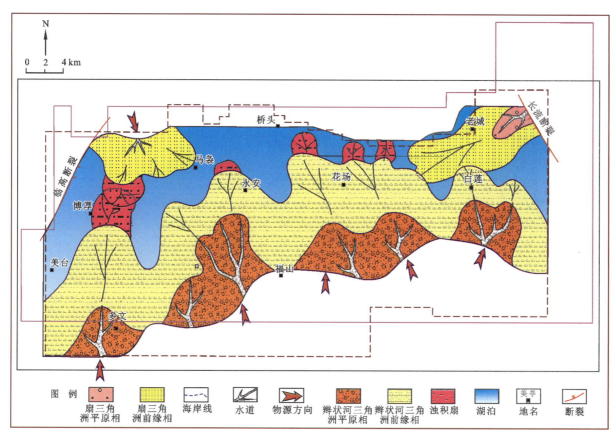

图3-14 福山凹陷流沙港组一段高位体系域(HST)沉积相图

4. 流沙港组沉积体系空间演化分析

通过以上分析可知,福山凹陷古近系流沙港组主要发育辫状河三角洲、扇三角洲、重力流、湖泊、辫状河5种沉积体系类型。主要有3个物源体系,即南部海南隆起、西侧临高凸起、东侧云龙凸起,海南隆起是福山凹陷主要物源供给区,发育多个物源供给通道。发育三大砂分散体系:南部斜坡带主要发育辫状河三角洲体系,分布范围和规模大,是福山凹陷主要沉积体系类型,从流沙港组三段至流沙港组一段继承发育,分布范围和规模在盆地不同演化阶段发生变化;西侧主要发育扇三角洲体系,分布范围和规模均很小;东侧发育扇三角洲体系,主要发育于流沙港组三段、流沙港组二段低位体系域沉积和流沙港组一段高位体系域沉积时期。重力流体系主要分布于三角洲前缘,在朝阳、永安及花东地区广泛发育。

3.5 沉积充填特征研究

在箕状断陷盆地演化过程中,构造作用对盆地充填和沉积演化往往起到重要的控制作用,盆地构造的阶段性演化、构造沉降速率变化、同沉积构造活动对盆地的可容纳空间、沉积物源、古地貌形态等都可产生深刻的影响。近年来,从我国东部一些大型的含油气断陷盆地研究中发现,同沉积构造主要是通过控制沉积古地貌的变化而对沉积物的堆积和分布产生制约的(袁选俊等,2003;严德天等,2008;杨有星等,2012)。在大型沉积盆地周缘,区域隆起构造控制了物源区的具体位置和流域面积的规模,而在盆地内部,古地貌形态对沉积体系空间展布具有明显的控制作用。构造运动改变地貌形态,把盆地分为沉积区和剥蚀区,斜坡、断裂、沟谷所构成的物源系统把物源区和沉积区连成一体。次级断裂常把沉积区的古地貌复杂化,形成斜坡、向斜、断阶等,从而影响碎屑物的分布(张世奇和纪友亮,1996;曾溅辉等,2003;张德武等,2004)。

1. SQE_2l^3 层序沉积充填特征

该层序发育时期,研究区整体呈现的是深凹高隆的古地貌特征,从而也造成了物源多样化、沉积物分散堆积复杂化的特点。总体上,盆缘临高凸起、云龙凸起以及南部斜坡带成为凹陷主要物源区,构成了凹陷三大主要物源。凹陷东西两侧分别受云龙凸起和临高凸起小规模物源供给,分别发育小规模扇三角洲和辫状河三角洲沉积,东部三角洲前缘发育小规模的浊积扇体沉积。凹陷西部来自临高凸起的小范围物源供给,沿朝阳鼻状构造,经断坡、断裂调节带进入和天凹陷,发育辫状河三角洲前缘沉积。凹陷东部来自云龙凸起的物源,经金凤鼻状构造带进入白莲次凹,发育小范围的扇三角洲平原相和扇三角洲前缘相,并在扇三角洲前缘白莲地区发育小规模浊积扇体。凹陷南部的海南隆起提供大量物源,物源经南部斜坡带,沟、槽及南部斜坡断阶进入和天凹陷以及花南凹陷,部分物源越过花南凹陷继续向北推进,最终汇合到和天凹陷,广泛发育辫状河三角洲平原相和辫状河三角洲前缘相,并在三角洲前缘花场、花东地区发育小型的浊积扇体(图3-15)。

2. SQE_2l^2 层序沉积充填特征

该层序发育时期,研究区整体继承了 SQE_2l^3 层序的古地貌特征,但是深凹高隆的构造古地貌格局有所减弱,美花断裂开始活动,花南凹陷范围明显减小。总体上,盆缘临高凸起、云龙凸起以及南部斜坡带为凹陷主要物源区的格局没有变化,但南部斜坡带辫状河三角洲分布的范围和规模都有所减小,主要分布于红光和美安地区,并且在美台、花场南部斜坡发育的规模较 SQE_2l^3 层序有显著减小。凹陷北部提供小部分物源,经断阶带进入和天凹陷,发育小规模扇三角洲前缘相,在扇三角洲前缘长安地区附近发育浊积扇体,与来自南部的辫状河三角洲前缘浊积扇体汇合。凹陷西部来自临高凸起的小范围物源,沿朝阳鼻状构造、博厚断阶带,经断坡、断裂调节带进入和天凹陷,发育扇三角洲前缘沉积,并在扇三角洲前缘的博厚、朝阳地区附近发育小型的浊积扇体。凹陷东部来自云龙凸起的物源,经金凤鼻状构造带进入白莲次凹,发育小范围的扇三角洲前缘相。凹陷南部的海南隆起继续提供大量物源,物源经南部斜坡带,沟、槽及南部斜坡断阶进入和天凹陷,近端发育辫状河三角洲平原相,但发育范围和规模较 SQE_2l^3 层序减小,在南部斜坡发育辫状河三角洲前缘相,

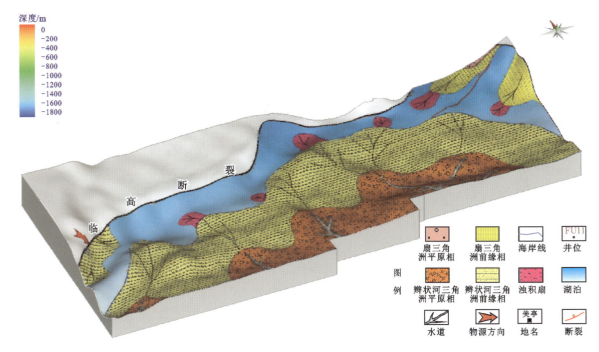

图 3-15　福山凹陷流沙港组三段沉积体系与古地貌立体叠合图

并在三角洲前缘的皇桐、长安、永安、白莲地区发育较大规模的浊积扇体,美台、红光等三角洲前缘地区发育小规模的浊积扇体;南部及东南方向的物源经沟、槽进入白莲凹陷,发育辫状河三角洲前缘相,并在白莲深凹地区的三角洲前缘附近发育大型的浊积扇体(图3-16)。

3. SQE_2l^1 层序沉积充填特征

该层序发育时期,海南隆起大幅度隆升,南部斜坡大部分暴露剥蚀,南部斜坡带的物源供给能力增强,沉积体系向北迁移,花南凹陷消失。总体上,盆缘临高凸起、云龙凸起以及南部斜坡带为凹陷主要物源区的格局发生改变,凹陷东部云龙凸起不提供物源,扇三角洲体系不发育;凹陷西部的扇三角洲体系继承发育。南部斜坡带辫状河三角洲前缘相分布的范围和规模都有所增大,美台、红光、花场和美安地区的辫状河三角洲发育。凹陷西北部来自临高凸起的小范围物源,沿朝阳鼻状构造、博厚断阶带,经断坡、断裂调节带进入和天凹陷,发育扇三角洲前缘沉积相,并在三角洲前缘的朝阳地区附近发育较大规模的浊积扇体。凹陷东部的云龙凸起不提供物源,扇三角洲体系不发育。凹陷南部的海南隆起继续提供大量物源,物源经南部斜坡带、沟、槽及南部斜坡断阶进入和天凹陷和白莲凹陷,南部近端发育辫状河三角洲平原相,斜坡带发育辫状河三角洲前缘相,辫状河三角洲前缘相分布的范围和规模较 SQE_2l^2 层序都有明显增大,并在花东和白莲深凹地区的三角洲前缘发育较大规模的浊积扇体(图3-17)。

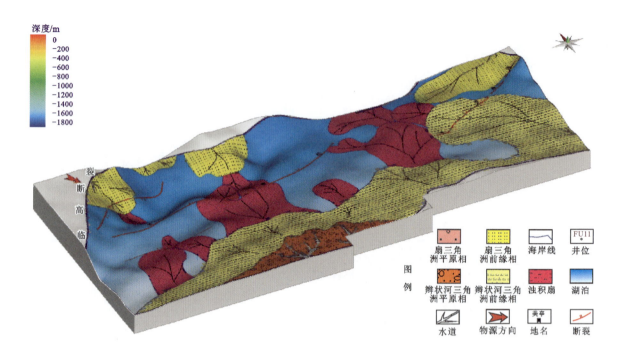

图3-16 福山凹陷流沙港组二段沉积体系与古地貌立体叠合图

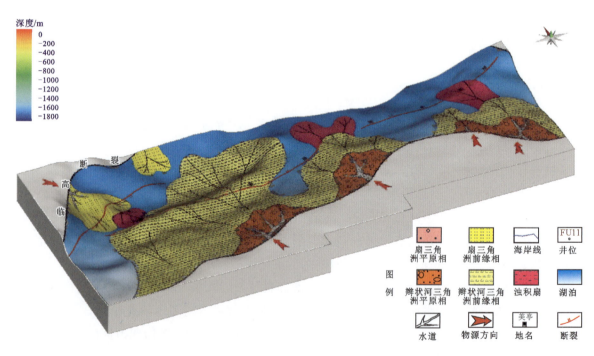

图3-17 福山凹陷流沙港组一段沉积体系与古地貌立体叠合图

第4章 油气分布规律及其控制因素

4.1 福山凹陷油气分布特征

在陆相断陷盆地中,油藏的分布和富集与众多地质要素密切相关,包括烃源岩的分布、坡折带类型、断裂发育和输导体系等。我国油气勘探的过程实质上也是油气富集成藏理论不断发展和深化的过程,广大地质工作者根据各个凹陷不同的地质背景提出了不同的油气富集规律。近年来,伴随着层序地层学的广泛应用和日趋成熟,在等时地层格架下进行油气富集规律特征和控制要素分析逐步成为油气勘探领域的又一个研究热点。归纳起来,国内学者在油气富集规律方面总结了以下观点:林畅松等(2000)建立了"构造坡折带控藏"观点;李丕龙(2001)与庞雄奇等(2006)先后提出"环状聚油理论";易士威等(2006)提出油气主要沿"三面"分布并受控于"三带"的成藏观点;张善文等(2003)提出了"断坡控砂、复式输导、相势控藏"观点;纪友亮等(1997)提出了"油气汇聚体系"的概念,论证了层序格架中油气成藏单元与层序关系密切;刘震等(2006)从层序与油藏控制角度出发,提出了"多元控油-主元控藏"观点;黄传炎等(2010)提出"层序界面-体系域-坡折带"三元耦合成藏观点。这些理论均显示出层序与油气成藏和分布具有良好的关联性,指导着我国油气勘探并取得了很好的成效。

虽然这些理论着眼点有所差异,提法有所不同,但是它们均显示出层序与油气分布具有良好的关联性,构造对油气富集起到了十分重要的作用。福山凹陷作为中国南方的一个富油气凹陷,目前已经进入勘探中后期阶段,存在油气富集规律不明确、油气富集机理不清楚等问题。本次研究在已建立的全区层序地层格架下,对福山凹陷已发现的油气藏进行数据统计,进而确定油气成藏富集规律。最后,结合构造转换带识别、坡折带类型等构造要素,探讨了构造转换带以及坡折带对油气富集的控制规律,为福山油田下一步勘探指明了方向。

油气藏的分布与区域性的烃源岩成熟密切相关。盆地热史模拟认为:当$0.5<R_o\leqslant0.7$时,烃源岩开始进入低成熟生油阶段;$0.7<R_o\leqslant1.0$时,烃源岩进入中等成熟生油阶段;$1.0<R_o\leqslant1.3$时,烃源岩进入晚成熟生油阶段;当$R_o>1.3$时,烃源岩进入过成熟生气阶段。福山凹陷油气资源具有短距离运移成藏的特征。因此,我们可以通过统计福山凹陷各区域油气分布情况(尤其是气油比),探讨火成岩侵入对烃源岩成熟的影响。

油层层数和有效油层的累计厚度是油气分布最为明显的参考指标,因此本次研究主要对这两个指标进行统计。参照黄传炎等(2010)对油气分布特征的统计方法,本次研究对福山凹陷240余口钻井进行筛选统计,选择研究区内单层厚度大于或等于2.8 m的油层数据进行统计,选取单层厚度大于或等于 3 m 的油层和油水同层的数据作为有利储层数据进行统计。经过筛选,共统计了 152 口钻井、135 层油层,总计 602.9 m 的油层数据,以及 221 口钻井、493 层油层和油水同层,总计 2504 m 油层和油水同层数据作为有利储集层。将这些试油数据垂直投影到层序地层格架的各个体系域中,并将这些数据投影到平面上的各个构造单元划分的区域上,总结油气成藏的时空分布规律。

4.1.1 油气藏空间分布特征

1. 福山凹陷各区域气油比特征

福山凹陷的油气田目前主要集中分布于西部的永安地区、美台地区,中部的花场—花东地区以及东部的白莲地区(图 4-1)。本次研究对福山凹陷 40 余口油气开发井油气产量数据进行统计。统计结果显示,各地区气油比值差异较大。西部美台地区气油比值在 23~110 之间,平均值为 58。西部永安地区气油比值在 402~430 之间,平均值为 416。中部花场—花东地区气油比值的范围较大,从 425 至 4355 不等,平均值为 1215。东部白莲地区气油比值最高,在 1867~52 684 之间,平均值为 4355。总体而言,西部美台地区和永安地区气油比值较低,以产油为主,产气量少,反映出该地区的烃源岩成熟度相对较低。而东部美台地区以高气油比值为特征,达到 52 684,该区域油气分布具有"产气为主、产油为辅"的特征。中部花场地区的气油比值分布范围较大,该地区在地貌上表现为一低凸起,油气具有两侧供源的特征,来自西部皇桐次凹和东部白莲次凹的油气在此富集。

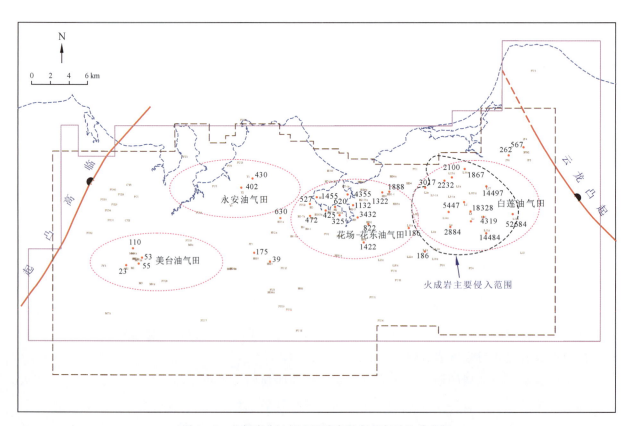

图 4-1 北部湾盆地福山凹陷各油气田气油比分布图

福山凹陷气油比值特征与福山凹陷日平均油气产量一致(表 4-1)。油气产量结果显示，福山凹陷以花场-花东油气田和白莲油气田产量最高，总体具有"东部产气、西部产油"的特征。以日平均产量为例(表 4-1)，花场和白莲地区的日平均产气量分别为 376 406 m³ 和 148 468 m³，而油的日产量分别为 413 m³ 和 95 m³。从气油比来看，东部油气田和西部油气田的油气产量差异更大，白莲地区具有极高的气油比(1566)，其次为花场—花东地区(911)，而西部的永安和美台地区分别为 73 和 29，进一步证实了"东部富气、西部富油"的特征。需要指出的是，花场地区的油气主要来自于白莲次凹的贡献(李美俊等，2007a)。

表 4-1 北部湾盆地福山凹陷各大油气田平均日产量对比表

油气田	日产油量/m³	日产气量/m³	气油比
花场-花东油气田(东部)	413	376 406	911
白莲油气田(东部)	95	148 468	1566
美台油气田(西部)	12.36	902	73
永安油气田(西部)	9.99	287	29

2. 福山凹陷区域油气分布特征

油气藏的分布规律不仅在精细地层单元内具有可比性，更体现了空间分布的差异性。不同区域发育不同断裂组合和坡折带类型，进而形成不同的油气富集模式，在空间上表现出油气分布的差异性。依据构造单元的划分(图 4-1)，福山凹陷可细分为西部地区(美台＋永安油气田)、中部地区(花场-花东油气田)和东部地区(白莲油气田)3 个区域进行油气分布统计与特征分析。据此，本次研究对流沙港组一段高位体系域、流沙港组二段低位体系域和流沙港组三段高位体系域 3 个富油层系进行油气空间分布统计。

福山凹陷各区域含油性对比分析结果如图 4-2 所示。流沙港组三段高位体系域油气分布规律为中部地区＞东部地区＞西部地区。中部地区流沙港组三段高位体系域油层层数和油层累计厚度分别为 24 层和 121 m，占全区的 53.3% 和 43.4%。东部地区流沙港组三段高位体系域油层层数和油层累计厚度分别为 13 层和 91.7 m，占全区的 28.9% 和 32.9%，位居第二。西部地区油气含量相对较少，油层层数和油层厚度分别为 8 层和 66.2 m。

流沙港组二段低位体系域油气分布规律与流沙港组三段高位体系域呈现出显著的差异性，在该层系油气分布规律为东部地区＞西部地区＞中部地区(图 4-2)。东部地区流沙港组二段低位体系域油层层数和油层累计厚度分别为 26 层和 126.4 m，占全区的 72.2% 和 82.4%，为流沙港组二段低位体系域油气最集中的富集区域。流沙港组二段低位体系域西部地区和中部地区油气含量明显降低。流沙港组二段低位体系域西部地区油层层数和油层累计厚度分别为 8 层和 21 m，占全区的 22.2% 和 13.7%。流沙港组二段低位体系域中部地区油气分布很少，油层累计厚度仅为 6 m。

研究区另一个富油层系——流沙港组一段高位体系域油气分布与流沙港组三段高位体系域较为类似，呈现出中部地区＞东部地区＞西部地区的分布规律(图 4-2)。流沙港组一段高位体系域中部地区油层层数和油层累计厚度分别为13层和45 m,占全区的46.4%和46.4%。流沙港组一段高位体系域东部地区油气也较为富集,也是该层系一个重要的勘探区域,油层层数和油层累计厚度分别为12层和37 m。与东部地区和中部地区相比,西部地区油气产量较低,累计厚度仅为15 m。

综上所述,在流沙港组三段高位体系域和流沙港组一段高位体系域,油气主要富集在中部地区,其次为东部地区。在流沙港组二段低位体系域油气主要富集在东部地区,其次为西部地区。这显示着福山凹陷油气分布具有明显的时空差异性,也反映了各区域具有不同的构造特征。

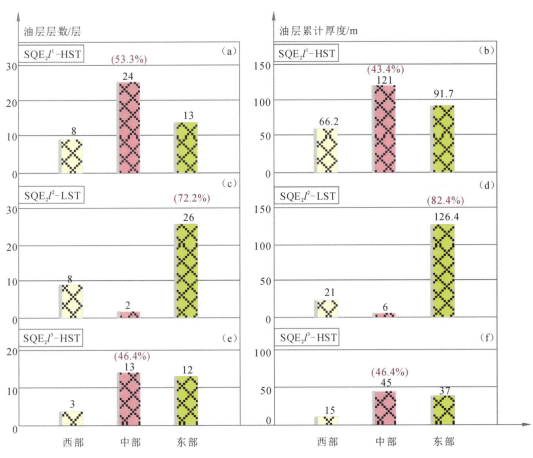

图4-2 福山凹陷流沙港组各区域油气产量对比图

(a) SQE_2l^1 - HST 油层层数;(b) SQE_2l^1 - HST 油层累计厚度;(c) SQE_2l^2 - LST 油层层数;(d) SQE_2l^2 - LST 油层累计厚度;(e) SQE_2l^3 - HST 油层层数;(f) SQE_2l^3 - HST 油层累计厚度

4.1.2 层序格架内油气分布特征

1. 各层序油气分布特征

福山凹陷油层数据(合计135层)统计结果显示流沙港组是福山凹陷到目前为止唯一的采油层位。福山凹陷的油层主要富集在流沙港组一段,油层总数达到61层,占流沙港组油层总数的

45.2%;与之对应,油层累计厚度达到了 317 m,占流沙港组油层总厚度的一半以上。流沙港组二段油层总数和油层厚度位居第二,油层总数为 39 层,油层累计厚度达到 163.7 m,分别占流沙港组总层数和总厚度的 28.9% 和 27.2%。流沙港组三段油层总数为 35 层,占流沙港组油层总数的 25.9%;其油层累计厚度也达到了 121.8 m,占流沙港组油层总厚度的 20.2%。据此,流沙港组油气分布的主要规律为:流沙港组一段＞流沙港组二段＞流沙港组三段(图 4-3)。

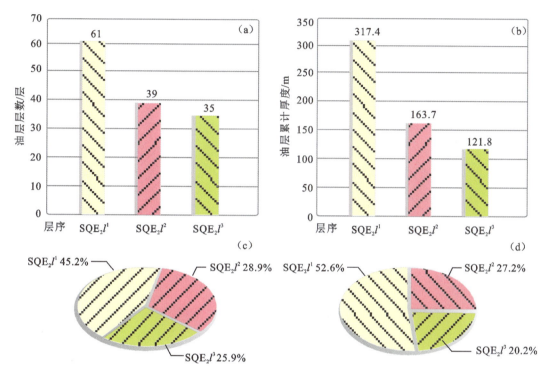

图 4-3 福山凹陷古近系流沙港组各层位油层层数及累计厚度对比图
(a)各层油层层数;(b)各层油层累计厚度;(c)各层油层层数占油层总数的比例;
(d)油层累计厚度占流沙港组总厚度的比例

对福山凹陷钻遇的有利储集层(493 层)数据统计结果如图 4-4 显示。福山凹陷流沙港组有利储集层主要位于流沙港组一段,储集层层数和累计厚度分别为 194 层和 923.7 m,分别占福山凹陷总层数和总厚度的 39.4% 和 36.9%。流沙港组二段的有利储集层层数(185 层)和累计厚度(1 132.8 m)分别占福山凹陷总层数和总厚度的 37.5% 和 45.2%。流沙港组三段有利储层层层数(114 层)和累计厚度(447.68 m)占福山凹陷总层数和总厚度的 23.1% 和 17.9%。因此,在有利储集层分布特征方面,流沙港组一段有利储集层层数最多,而有利储集层累计厚度以流沙港组二段最大。这一特征与油气分布特征类似,总体呈现出流沙港组一段＞流沙港组二段＞流沙港组三段的分布特征。上述结果说明福山凹陷流沙港组一段是研究区最为重要的出油层位,而流沙港组二段在研究区发育了大量的优质储集层,为油气勘探的另一个重要的目的层系。

2. 各体系域油气分布特征

前人的研究表明,含油气盆地的油气分布与层序内体系域有一定的成因联系。层序内部各个组成成分的沉积环境有所差异,体系域内沉积相展布位置和特征也存在较大的不同,导致油气藏在

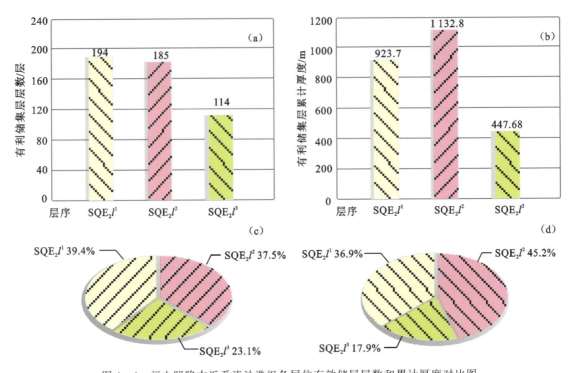

图 4-4 福山凹陷古近系流沙港组各层位有效储层层数和累计厚度对比图
(a)各层有效储层层数;(b)各层有效储层累计厚度;(c)各层有效储层层数所占的比例;(d)各层有效储层累计厚度所占比例

不同层序内部油气富集规律也有所不同。本次研究在全区等时层序地层格架的基础上,将油气统计结果投影到各层序内部的体系域中,得到福山凹陷各体系域油气分布特征(图4-5)。

各体系域油气分布特征显示流沙港组三段油气主要集中于高位体系域(HST),油层总数为28层,占流沙港组三段油层总数的80%(图4-5)。流沙港组二段地层油气主要集中于低位体系域(LST),低位体系域油层总数为36层,占流沙港组二段油层总数的92.3%,该层位湖扩体系域和高位体系域基本上没有油气分布。流沙港组一段地层油气主要分布于高位体系域(45层),占流沙港组一段油层总数的80.4%,而低位体系域和湖扩体系域油层总数分别为8层和3层。由此可见,该区域油气主要分布于高位体系域和低位体系域中,湖扩体系域油气分布很少。各三级层序内部各体系域油气分布存在较大的差异,在流沙港组一段和流沙港组三段油气主要分布于高位体系域中,在流沙港组二段油气主要分布于低位体系域中。

油层累计厚度分布规律与油层层数的分布规律一致,油气主要分布于流沙港组一段高位体系域(278.9 m)、流沙港组二段低位体系域(153.4 m)和流沙港组三段高位体系域(96.8 m)(图4-5)。流沙港组一段高位体系域油层累计厚度占流沙港组一段油层总厚度的87.9%,流沙港组二段低位体系域油层累计厚度占流沙港组二段油层总厚度的93.1%,而流沙港组三段高位体系域油层累计厚度占流沙港组三段油层总厚度的79.5%。综上所述,福山凹陷各层序内部油气分布差异性较大,高位体系域为本研究区油气富集的最佳层位,其次是低位体系域,而湖扩体系域油气分布极少。

在不同的三级层序内,油气分布于不同的体系域中,显示出体系域并不是油气分布的唯一控制要素。除体系域类型外,油气分布还受到沉积相展布、砂体发育和物源供给等要素的影响。流沙港组二段高位体系域油气并不富集,与该体系域沉积相发育密切相关,该体系域发育时期湖水较深,物源供给明显减弱,研究区以湖相泥岩沉积为主,导致该体系域油气富集缺乏有利的储集体。与流沙港组二段低位体系域对比,流沙港组一段和流沙港组三段低位体系域油气并不富集,原因主要在于流沙港组一段和流沙港组三段低位体系域以小型辫状河三角洲沉积为主,扇体分布范围较小。而流沙港组二段低位体系域发育大规模湖底扇沉积,扇体发育范围大且沉积于厚层泥岩之中,具有良好的生储盖组合。

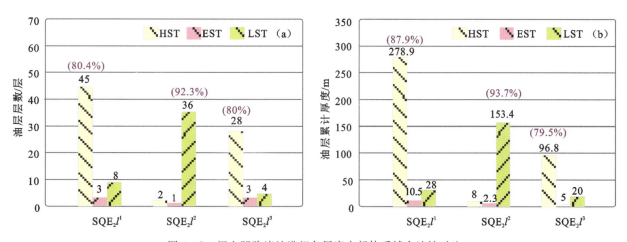

图4-5 福山凹陷流沙港组各层序内部体系域含油性对比

(a)各体系域油层层数;(b)各体系域油层累计厚度

4.2 福山凹陷埋藏史与热史分析

盆地热史与埋藏史模拟,可以用于了解烃源岩所经历的温度演化历史以及盆地的埋藏历史。本次研究主要采用Easy% R_o 法恢复古地温梯度和盆地热史。盆地热史与埋藏史的重建需要以下三方面的资料或数据:①单井实测镜质体反射率(R_o)或流体包裹体均一温度;②地层分层数与地层剥蚀厚度;③现今古地温资料。

在进行盆地热史与埋藏史分析前,我们首先要对地层剥蚀厚度进行恢复。目前比较常用的剥蚀厚度恢复方法有泥岩声波时差法、地层对比法、趋势外推法、地震地层学方法等。本次研究主要采用地层对比法对福山凹陷南部剥蚀区的剥蚀厚度进行恢复。该方法的基本原理是连续沉积的地层在纵向上的厚度变化具有一定的规律性,相邻地区可以根据趋势的变化进行外推。我们通过地层对比法将遭受剥蚀的地区与未剥蚀地区进行对比,求出剥蚀地区地层沉积厚度,进而减去现今厚度得到剥蚀量。

福山凹陷烃源岩研究结果表明凹陷不同地区的地温梯度存在一定的差异性,白莲地区为3.2℃/100 m,花东地区为3.3℃/100 m,花场地区3.1℃/100 m,美台地区为2.6℃/100 m,永安地区为3.4℃/100 m。总体而言，东部的白莲地区的古地温梯度比西部地区要高，应该是受到了火成岩侵入的影响。

本次研究选取4口单井进行盆地热史与埋藏史模拟，这4口单井都含有丰富的镜质体反射率数据。总体而言，美台地区、永安地区和花场地区单井内镜质体反射率与深度的拟合关系较好，随着深度增加镜质体反射率数值逐渐增大（图4-6—图4-8）。但是白莲地区单井3000 m附近出现一个镜质体反射率的异常高值区，镜质体反射率的数值比位于下部的流沙港组三段沉积地层（埋深大于4000 m）的实测数值还要大，导致镜质体反射率与埋藏深度拟合关系较差（图4-9）。镜质体反射率异常高值区的深度与火成岩侵入的深度一致，反映出该异常区与火成岩侵入体密切相关。我们在不考虑这些镜质体反射率异常高值的情况下，分析盆地热史与埋藏史演化特征（图4-9），目的在于凸显火成岩体对烃源岩成熟的影响。

福山凹陷美台地区位于研究西南部位的西部斜坡区，钻井ET2井钻遇流沙港组三段，埋深大于4000 m。单井埋藏史与热史模拟结果（图4-6）显示，地层主要遭受到两次较大范围的抬升剥蚀，剥蚀的时间分别对应于T_4和T_2界面，剥蚀厚度大于200 m。盆地主要的断陷期位于49~36 Ma，该时期地层沉积速率大。36 Ma附近地层抬升剥蚀，随后盆地进入坳陷期，地层沉积速率减慢。热史研究结果表明该区域热流值较低，约2.6℃/100 m，生烃门限约2600 m。与其他区域对比，该区域烃源岩成熟度也较低，流沙港组一段大部分烃源岩仍未进入生烃阶段，对应的古地温约80℃。流沙港组二段烃源岩主要处于低成熟生油阶段，对应的古地温约100℃。而流沙港组三段部分烃源岩处于中等成熟生油阶段，对应的古地温约120℃。单井热史模拟结果与美台地区油气产量规律一致，本地区油气田以产油为主，天然气产量较低，气油比仅为58，反映出目前美台地区的烃源岩主要处于生油阶段，成熟度较低（图4-6）。

福山凹陷永安地区位于西部皇桐次凹，埋藏深度大，烃源岩富集。ET3井钻遇流沙港组二段，深度达4200 m，表明永安地层地层沉积厚度比美台地区厚很多。该地区古地温梯度比美台地区高，地温梯度约3.4℃/100 m，生烃门限约2300 m，较美台地区浅。永安地区单井埋藏史模拟结果（图4-7）显示，该地区经历了两次地层抬升剥蚀，但是地层剥蚀厚度不大。这与永安地区的区域位置有关，永安地区位于皇桐凹陷处，地层埋深大且剥蚀厚度小。永安地区埋藏史特征与美台地区基本一致，流沙港组沉积时期为凹陷的裂陷期，地层沉积速率快。涠洲组沉积时期，盆地的坳陷作用增强，地层沉积速率减慢。

盆地热史模拟结果（图4-7）表明，永安地区烃源岩在33 Ma附近就开始进入生烃阶段，在26 Ma左右进行生油高峰期，在9 Ma附近开始进入过成熟生气阶段。永安地区烃源岩的成熟度较高，涠洲组三段的烃源岩已经全部进入生烃门限，地温在100~120℃之间，R_o位于0.6%~0.7%之间。流沙港组一段烃源岩已经进入中等成熟生油阶段，地温在120~140℃之间，R_o位于0.8%~0.9%之间。流沙港组二段烃源岩已经进入晚成熟生油和过成熟生气阶段，地温在120~140℃之间，R_o大于1.0%。据此可以推测，流沙港组三段的烃源岩已全部进入过成熟生气阶段。烃源岩热史模拟结果与该地区油气产量一致，气油比值在300~450之间，反映出该区域"产油为主、产气为辅"成熟度较高的特征。

花场地区位于凹陷中部，在古地貌上表现为一个明显的低凸起，地层埋藏深度比湖盆中心（皇桐次凹、白莲次凹）小。ET6井钻遇流沙港组三段，深度达4300 m。模拟结果表明，花场地区的古地温梯度为3.1℃/100 m，生烃门限约2300 m。盆地埋藏史研究表明，在地质历史时期，该地区遭

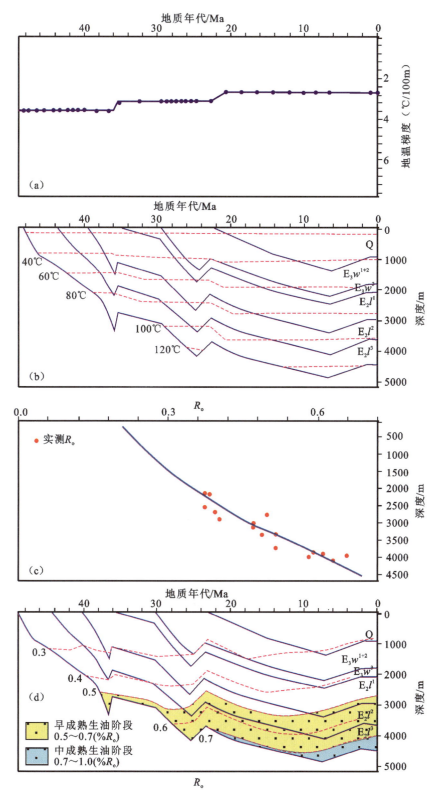

图 4-6 北部湾盆地福山凹陷美台地区典型钻井埋藏史与热史一维演化史分析

(a)地温梯度与地质年代的关系图;(b)古地温、深度与地质年代的关系图;(c)R_o与深度关系图;(d)R_o、深度与地质年代关系图

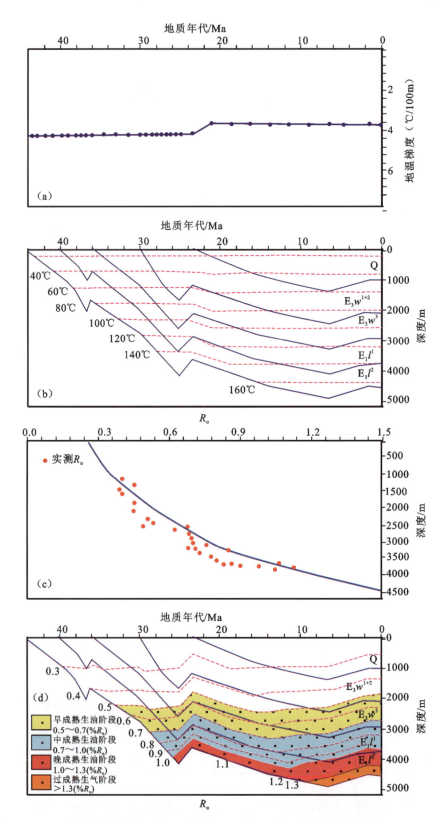

图 4-7 北部湾盆地福山凹陷永安地区典型钻井埋藏史与热史一维演化史分析

(a)地温梯度与地质年代的关系图;(b)古地温、深度与地质年代的关系图;(c)R_o与深度关系图;(d)R_o、深度与地质年代关系图

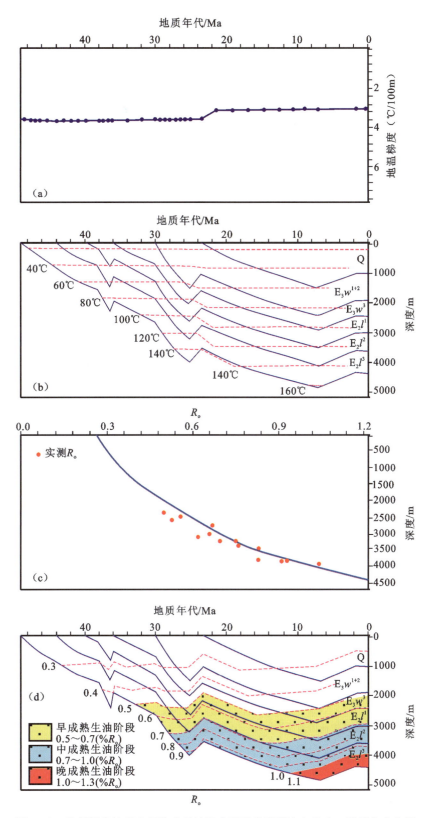

图 4-8 北部湾盆地福山凹陷花场地区典型钻井埋藏史与热史一维演化史分析

(a)地温梯度与地质年代的关系图;(b)古地温、深度与地质年代的关系图;(c)R_o与深度关系图;(d)R_o、深度与地质年代关系图

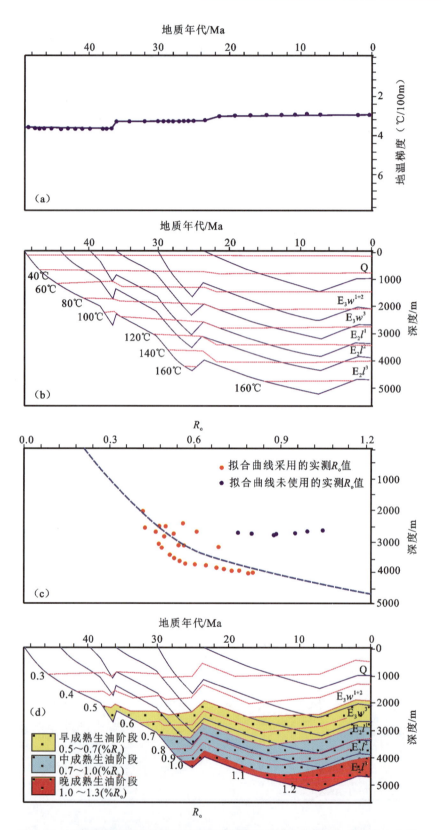

图 4-9 北部湾盆地福山凹陷白莲地区典型钻井埋藏史与热史一维演化史分析

(a)地温梯度与地质年代的关系图;(b)古地温、深度与地质年代的关系图;(c)R_o与深度关系图;(d)R_o、深度与地质年代关系图

受两次较大的地层剥蚀,分别对应于 T_4 和 T_2 界面,剥蚀厚度较大,均大于 300 m。盆地热史模拟结果(图 4-8)显示,花场地区自 33 Ma 开始进入生烃阶段,自 10 Ma 开始进行高成熟生油阶段。

花场地区盆地热史模拟结果(图 4-8)显示,绝大部分涠洲组三段烃源岩已进入低成熟生油阶段,地温在 80~90℃之间,R_o 位于 0.5%~0.6%之间。流沙港组一段烃源岩主要处于低成熟生油阶段,地温在 90~100℃之间,R_o 位于 0.6%与 0.7%之间。流沙港组二段烃源岩主要处于中等成熟生油阶段,地温在 100~120℃之间,R_o 位于 0.7%~0.9%之间。流沙港组三段烃源岩主要处于中等成熟生油及高成熟生油阶段,地温在 120~160℃之间,R_o 位于 1.0%~1.2%之间。这与该地区油气产量特征具有一定的差异性,花场地区气油比值范围较大,为 50~2000 不等。花场地区部分钻井气油比值较大的原因在于,花场地区作为一个构造高部位,来自白莲次凹中的油气运移至此成藏。

如前所述,白莲地区 ET12 井 R_o 与深度之间的拟合关系较差,主要体现在 3000 m 附近出现一个明显的 R_o 异常高值区(图 4-9)。在不考虑这些异常值的情况下,我们发现 R_o 与深度的拟合关系较好,热史模拟结果显示涠洲组三段烃源岩处于低成熟生油阶段,流沙港组一段和流沙港组二段烃源岩主要处于中等成熟生油阶段,流沙港组三段烃源岩处于高成熟生油阶段(图 4-9)。这与该区域的油气产量存在很大的矛盾,油气统计显示白莲地区以富气为特征,气油比值在 1867~52 684 之间,平均值为 4355,反映出研究区烃源岩主要处于过成熟生气阶段,与以上盆地模拟结果不一致。

4.3 福山构造热事件研究

4.3.1 流沙港组二段火成岩微量元素及 Sr-Nd-Pb-Hf 同位素研究

岩浆活动作为一种最为常见的盆地热事件类型,在陆相盆地中较为普遍,具有区域性发育的特征。岩浆活动往往与多种矿床的形成、油气的成熟等密切相关,通过对岩浆岩年代学和地球化学研究,不仅可以了解地幔和地壳物质组成与深部动力学演化过程,而且可以探讨此类构造事件对盆地烃源岩成熟的影响。在本节中,我们对流沙港组二段火成岩岩石学特征、微量元素地球化学、同位素地球化学和年代学进行了系统研究。

通过钻井标定和三维地震综合解释,在古近系流沙港组二段中识别出一套厚层的火成岩体(图 4-10),在平面上主要分布于凹陷东部白莲地区和花场以东地区,最大厚度达 200 m(图 4-11)。在地震剖面上,该套火成岩表现为明显的强—超强反射特征,在测井曲线上表现为低自然伽马、低自然电位、低声波时差和高电阻率的特征(图 4-10)。通过三维地震追踪闭合,确定了火成岩体的分布特征(图 4-11),主要分布于福山凹陷东部的白莲地区。

本次研究对福山凹陷东部地区流沙港组二段侵入的火成岩体进行了专门的钻井取芯,细致的岩石薄片和手标本研究显示流沙港组二段火成岩为基性侵入岩脉,岩性为辉长岩和辉绿岩。手标本上,样品为灰绿色,具有典型的块状构造和辉绿结构。

在镜下,主要见斜长石、辉石、钾长石、云母等矿物,可见典型的辉长结构和辉绿结构,斜长石的含量占 45%左右,自形程度较好,可见聚片双晶,表面较脏(图 4-12)。辉石含量在 45%左右,以单斜辉石为主,其次为紫苏辉石。单斜辉石自形程度与斜长石相近,短柱状,正中突起,最高干涉色为

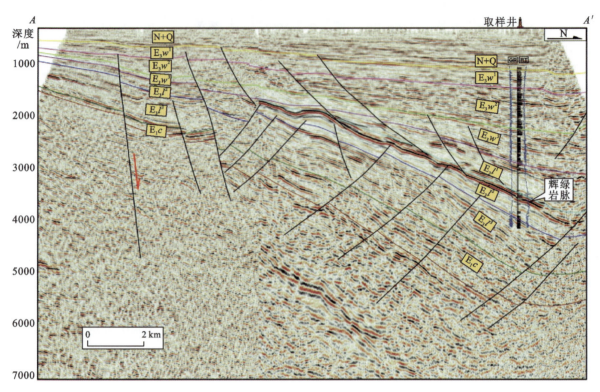

图 4-10 福山凹陷流沙港组二段火成岩地震响应特征(剖面位置见图 4-11)

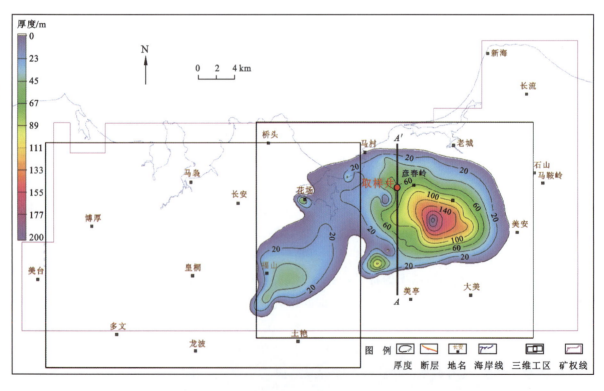

图 4-11 北部湾盆地福山凹陷流沙港组二段火成岩分布范围与厚度图

二级黄绿。紫苏辉石含量约10%,单颗粒存在反应边,内部发生轻微的蚀变,见卡式双晶。综合以上认识,福山凹陷流沙港组二段火成岩主要为辉绿岩,也见少量的辉长岩(图4-12)。

图4-12 福山凹陷流沙港组二段火成岩手标本及镜下特征

(a)3 368.3 m,辉绿结构;(b)3 366.6 m,块状构造和辉绿结构;(c)单偏光下镜下特征,显示样品主要含有长石和辉石,发育辉绿结构;(d)与图(c)对应的正交偏光下的照片

本次研究共获得辉绿岩样品5个,其中4块样品来自于HD4-6井(3367~3372 m),1块样品来自于H5x井(2 840.2 m)。在样品的分选过程中,对来自HD4-6井3 372.5 m和3 370.0 m的两个样品,通过镜下识别挑选典型矿物相,试图分为斜长石和辉石两种矿物相进行单独分析。由于样品为微晶结构,挑选的结果并不理想。对这些样品,我们展开了系统的地球化学分析,包括微量元素地球化学、Sr-Nd-Pb-Hf同位素、激光锆石U-Pb年代学等研究。Liu等(2017)对微量元素地球化学和同位素分析流程进行了详细介绍。唯一不同的是,对于辉绿岩而言,样品中含有少量的锆石,会对微量元素和同位素的测量产生影响,所以这些辉绿岩样品在澳大利亚昆士兰大学同位素实验室使用了微波溶样法(microwave digestion)。选取200 mg样品,加入1.3 ml HF+6 ml HCl+2 ml HNO3+2.7 ml MiliQ微波消解90 min,样品后续的处理流程与Liu(2017)中论述的一致。火成岩锆石U-Pb定年在中国地质大学地质过程与矿产资源重点实验室完成,林正良(2011)进行了详细的论述。

稀土元素分析结果表明,HD4-6井流沙港组二段的辉绿岩具有较高的REE含量[(80.1~

113.6)×10^{-6}]（表4-2），球粒陨石标准化后(Sun et al.,1989)的稀土配分模式（图4-13）总体呈现出一致的右倾特征，轻重稀土发生轻微分馏，LREE/HREE为6.2～6.7，稀土配分模式非常平坦，未见Ce、Eu、Y等异常。H5x样品与其他样品具有较大的差异性，REE含量偏低（50.6×10^{-6}），LREE/HREE为3.8。

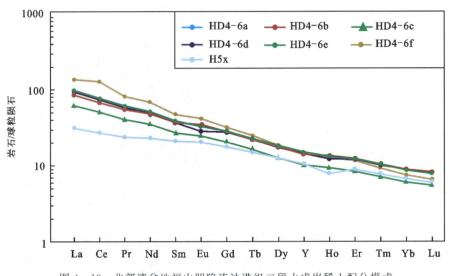

图4-13 北部湾盆地福山凹陷流沙港组二段火成岩稀土配分模式

微量元素数据显示（表4-2、图4-14），除了样品H5x显示出Th、U亏损外，其他来自HD4-6井的样品显示出富集大离子亲石元素（LILE，如Rb、Sr等）和亏损高场强元素（HFSE，如Nb、Ta、P），类似典型的板内洋岛玄武岩（OIB）特征(Hofmann and White,1982)。所有样品显示出严重的轻重稀土分馏，并且没有Eu的负异常，说明在岩浆形成和演化过程中斜长石分离结晶作用不明显，这与前人关于北部湾新生代岩浆岩的特征的研究成果一致(Johnson et al.,1990；贾大成等,2003)，并与南海地区珠江口盆地等地区HFSE明显亏损形成对比(Johnson et al.,1990；贾大成等,2003；鄢全树等,2008)。这些辉绿岩表现出一致的稀土元素富集、轻重稀土分馏特征，说明源区受到了流体/熔体交代，但是熔融程度较低(Liu et al.,2017)。就海南岛新生代玄武岩而言，其成因是被交代的富集软流圈地幔发生不同程度的部分熔融，源区残余有石榴子石。

Sr、Nd、Pb及Hf同位素数据见表4-3和表4-4。为了进行对比和特征分析，本次研究将来自中国东南的新生代玄武岩数据一起投点(Zou et al.,2000)。福山凹陷火成岩^{87}Sr/^{86}Sr的变化范围为0.704 289～0.705 181，^{143}Nd/^{144}Nd的变化范围为0.512 835～0.512 910，ε_{Nd}的范围为3.88～5.34，^{207}Pb/^{204}Pb在15.6附近，^{206}Pb/^{204}Pb的变化范围为18.781 2～18.943 0，^{176}Hf/^{177}Hf的数据在0.283 0附近，对应的ε_{Hf}变化范围为7.74～9.69。南海火成岩同位素组成的变化范围：^{87}Sr/^{86}Sr为0.703 418～0.790 517 4，^{143}Nd/^{144}Nd为0.512 663～0.512 965。总体而言，本次钻井获取的少量样品Sr-Nd-Pb-Hf同位素比值变化不大，较为集中，数据点全部投在中国南海区域，集中于中国南海北缘区域（图4-15）。在Sr-Nd变化图解中，所有的样品位于OIB内，进一步说明该期火成岩为板内洋岛玄武岩。前人研究认为，南海火成岩样品^{143}Nd/^{144}Nd-^{87}Sr/^{86}Sr同位素比值具有清晰的负相关关系，其延长线近似平行于亏损地幔（DMM）与富集地幔（EM2）两个端元的连线上，

表 4-2 北部湾盆地福山凹陷流沙港组二段火成岩微量元素和稀土元素地球化学数据表

单位：×10⁻⁶

样品	深度/m	Li	Be	Mg	P	Ca	Sc	Ti	V	Cr	Mn	Fe	Co	Ni	Cu	Zn	Ga	Rb
HD4-6a	3 369.0	6.83	1.80	29 723	1970	61 049	18.2	13 584	167	151	1242	75 626	33.1	65.1	55.5	145	23.2	32.3
HD4-6b	3 372.5	6.99	1.76	32 926	2030	62 298	17.9	13 641	161	141	1340	76 801	46.9	121	52.6	126	21.8	29.6
HD4-6c	3 372.5	4.81	1.25	22 262	1460	43 924	12.9	9575	115	126	945	52 742	26.9	67.4	58.0	87.2	15.6	21.0
HD4-6d	3 370.0	7.30	1.87	32 185	2149	37 663	17.3	13 668	158	112	871	101 781	33.4	83.3	49.5	57.6	22.4	29.2
HD4-6e	3 370.0	5.53	1.75	27432	2306	46 879	17.8	14 932	170	130	836	82 536	25.2	60.0	56.3	57.6	23.6	32.9
HD4-6f	3 367.0	10.2	2.14	44 775	2765	68 955	16.5	14 137	169	146	1689	80 264	43.5	161	55.1	185	21.7	37.3
H5x	2 840.2	10.5	0.88	27 502	1055	58 825	11.3	10 418	134	231	1038	77 860	39.4	115	58.4	112	19.9	13.5
JG3	Std	23.0	1.74	10 897	615	26 971	8.51	2933	58	21.2	551	25 629	11.2	13.5	6.93	43.0	16.6	68.8
BCR-2	Std	10.0	2.55	21 848	1755	51 957	33.9	14 184	428	15.8	1547	97 199	38.1	11.8	22.2	135	22.5	48.4

样品	深度/m	Sr	Y	Zr	Nb	Mo	Cd	Sn	Sb	Cs	Ba	La	Ce	Pr	Nd	Sm	Eu	Tb
HD4-6a	3 369.0	505	20.1	198	32.1	2.03	0.12	1.37	0.06	1.94	292	20.6	42.0	5.21	22.0	5.52	1.90	0.83
HD4-6b	3 372.5	485	19.9	186	31.9	1.85	0.10	1.41	0.07	1.83	278	20.0	41.0	5.12	21.8	5.48	1.92	0.82
HD4-6c	3 372.5	343	14.1	118	22.6	1.32	0.08	4.30	0.04	1.20	197	14.5	29.7	3.70	15.8	3.96	1.37	0.59
HD4-6d	3 370.0	472	18.8	200	33.5	1.89	0.09	1.01	0.27	1.54	242	21.0	43.0	5.28	22.2	5.42	1.59	0.80
HD4-6e	3 370.0	529	19.3	219	36.9	2.12	0.09	2.04	0.14	1.41	288	22.3	45.4	5.56	23.4	5.70	1.80	0.82
HD4-6f	3 367.0	788	19.5	72.6	51.3	2.52	0.21	2.18	0.19	2.02	422	31.0	74.9	7.47	30.8	6.97	2.35	0.90
H5x	2 840.2	315	11.9	106	14.1	0.85	0.08	1.11	0.01	1.02	182	7.11	16.1	2.20	10.3	3.12	1.15	0.55
JG3	Std	373	14.2	33.7	6.18	0.35	0.03	1.13	0.04	2.01	478	21.1	43.2	4.80	17.4	3.31	0.84	0.45
BCR-2	Std	349	32.3	224	12.8	235	0.33	1.07	0.28	1.18	845	25.4	54.6	6.95	28.9	6.60	1.95	1.06

续表 4-2

样品	深度/m	Gd	Dy	Ho	Er	Tm	Yb	Lu	Hf	Ta	W	Tl	Pb	Th	U
HD4-6a	3 369.0	5.65	4.40	0.81	1.97	0.26	1.46	0.20	4.06	1.73	0.48	0.12	13.1	3.29	0.86
HD4-6b	3 372.5	5.61	4.34	0.79	1.94	0.25	1.44	0.20	3.84	1.70	0.35	0.17	14.3	3.09	0.82
HD4-6c	3 372.5	4.04	3.13	0.57	1.39	0.18	1.03	0.14	2.81	1.22	0.25	0.10	10.2	2.28	0.61
HD4-6d	3 370.0	5.45	4.27	0.79	1.94	0.25	1.42	0.19	4.10	1.81	0.60	0.16	19.4	3.29	0.85
HD4-6e	3 370.0	5.71	4.43	0.81	1.97	0.25	1.43	0.19	4.44	1.96	0.42	0.09	5.71	3.68	0.94
HD4-6f	3 367.0	6.48	4.56	0.80	1.87	0.23	1.22	0.16	2.21	2.70	0.66	0.19	67.0	3.03	0.55
H5x	2 840.2	3.50	3.06	0.58	1.44	0.19	1.11	0.15	2.77	0.75	0.20	0.22	1.55	0.99	0.37
JG3	Std	2.94	2.65	0.56	1.59	0.24	1.62	0.24	1.24	0.57	12.6	0.38	9.98	8.00	2.33
BCR-2	Std	6.76	6.38	1.33	3.67	0.54	3.41	0.51	4.90	0.74	0.44	0.26	9.65	5.72	1.71

表 4-3 北部湾盆地福山凹陷流沙港组二段火成岩 Sr-Nd 同位素数据表

样品	深度/m	Rb /×10⁻⁶	Sr /×10⁻⁶	$^{87}Rb/^{86}Sr$	2σ	$^{87}Sr/^{86}Sr$	2σ	Sm /×10⁻⁶	Nd /×10⁻⁶	$^{147}Sm/^{144}Nd$	2σ	$^{143}Nd/^{144}Nd$	2σ	ε_{Nd}	2σ
HD4-6a	3 369.0	32.3	505	0.184 62	0.001 7	0.704 292	0.000 010	7.86	41.4	0.151 4	0.001 4	0.512 835	0.000 006	3.88	0.12
HD4-6b	3 372.5	29.6	485	0.176 48	0.001 3	0.704 289	0.000 010	5.52	22.0	0.152 0	0.000 8	0.512 844	0.000 006	4.06	0.12
HD4-6c	3 372.5	21.0	343	0.177 05	0.001 3	0.704 297	0.000 010	5.48	21.8	0.151 5	0.000 8	0.512 856	0.000 006	4.29	0.12
HD4-6d	3 370.0	29.2	472	0.179 09	0.001 8	0.704 395	0.000 009	3.96	15.8	0.147 3	0.000 9	0.512 850	0.000 006	4.17	0.12
HD4-6f	3 367.0	37.3	788	0.136 81	0.001 0	0.704 294	0.000 009	5.42	22.2	0.136 9	0.000 7	0.512 910	0.000 006	5.34	0.12
H5x	2 840.2	13.5	315	0.123 90	0.001 0	0.705 181	0.000 009	5.70	23.4	0.182 5	0.001 4	0.512 875	0.000 006	4.66	0.12
JG3	Std	68.8	373	0.533 31	0.006 3	0.705 381	0.000 009	6.97	30.8	0.115 0	0.000 8	0.512 626	0.000 007	−0.20	0.14
BCR-2	Std	48.4	349	0.400 82	0.002 3	0.705 008	0.000 013	3.12	10.3	0.138 1	0.000 5	0.512 640	0.000 006	0.08	0.12

注:$^{87}Sr/^{86}Sr$ 被标准化到 $^{86}Sr/^{88}Sr=0.119\ 4$,$^{143}Nd/^{144}Nd$ 被标准化到 $^{146}Nd/^{144}Nd=0.721\ 9$。$\varepsilon_{Nd}=[(^{143}Nd/^{144}Nd_{sample})/(^{143}Nd/^{144}Nd_{CHUR})-1]\times 10^4$,$^{143}Nd/^{144}Nd_{CHUR}=0.512\ 636$。

表 4-4 北部湾盆地福山凹陷流沙港组二段火成岩 Pb-Hf 同位素数据表

样品	深度/m	Pb/×10⁻⁶	$^{208}Pb/^{204}Pb$	2σ	$^{207}Pb/^{204}Pb$	2σ	$^{206}Pb/^{204}Pb$	2σ	Hf/×10⁻⁶	$^{176}Hf/^{177}Hf$	2σ	ε_{Hf}	2σ
HD4-6a	3 369.0	13.1	39.058 7	0.001 2	15.669 8	0.000 9	18.912 8	0.001 1	4.06	0.282 988	0.000 005	7.74	0.18
HD4-6b	3 372.5	14.3	39.056 9	0.000 9	15.670 1	0.000 6	18.915 5	0.000 7	3.84	0.282 990	0.000 004	7.80	0.13
HD4-6c	3 372.5	10.2	39.049 2	0.003 0	15.669 0	0.001 9	18.908 9	0.003 2	2.81				
HD4-6d	3 370.0	19.4	39.083 0	0.001 0	15.677 6	0.000 7	18.939 0	0.000 8	4.10	0.282 990	0.000 004	7.82	0.14
HD4-6f	3 367.0	67.0	39.082 4	0.001 5	15.680 2	0.001 2	18.943 0	0.001 2	2.21	0.283 043	0.000 004	9.69	0.14
H5x	2 840.2	1.55	38.952 6	0.001 6	15.627 8	0.001 1	18.781 2	0.001 4	2.77				
JG3	Std	9.98	38.499 3	0.001 4	15.575 8	0.001 0	18.368 0	0.001 0	1.24				
BCR-2	Std	9.65	38.710 5	0.001 3	15.620 9	0.000 9	18.749 7	0.001 0	4.90				

注：$\varepsilon_{Hf}=[(^{176}Hf/^{177}Hf_{sample})/(^{176}Hf/^{177}Hf_{CHUR})-1]\times10^4$，$^{176}Hf/^{177}Hf_{CHUR}=0.282\,769$。

显示了岩石源区二元混合的特征。

南海火成岩的 Pb 同位素数据显示范围：^{206}Pb/^{204}Pb 为 18.37～18.80，^{207}Pb/^{204}Pb 为 15.53～15.71，^{208}Pb/^{204}Pb 为 38.44～39.24（鄢全树等，2008）。类似于 ^{143}Nd/^{144}Nd-^{87}Sr/^{86}Sr 图解，本次研究的岩石样品全部投影在 OIB 区域和中国南海区域内，其延长线近似平行于 DMM 与 EM2 两个端元的连线上（图 4-16）。

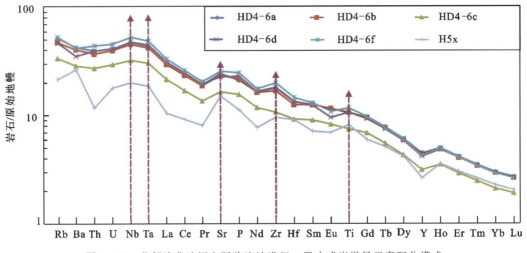

图 4-14　北部湾盆地福山凹陷流沙港组二段火成岩微量元素配分模式

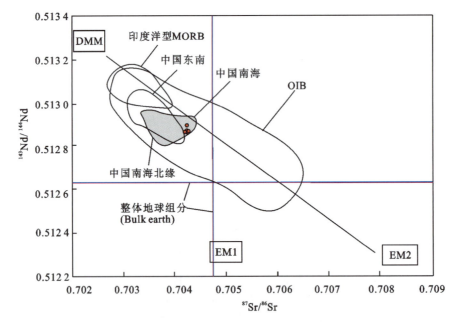

图 4-15　北部湾盆地福山凹陷流沙港组二段火成岩 ^{143}Nd/^{144}Nd-^{87}Sr/^{86}Sr 相关图

DMM、HIMU、EM1、EM2 区域引用自 Zindler 等（2016），OIB 区域引用自 Standigel 等（1986），其他数据范围引用自鄢全树等（2008）与石学法和鄢全树（2011）

流沙港组二段火成岩样品同位素分析结果显示火成岩源区存在不均一性，源区可能有两个：一个是位于软流圈或岩石圈地幔中的 DMM 端元，另一个是来自核-幔边界处的海南地幔柱 EM2 端

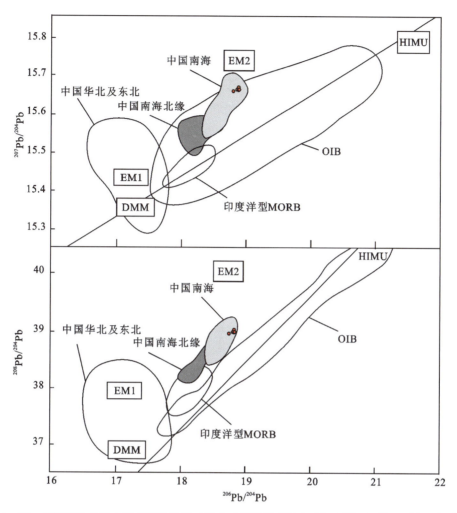

图 4-16 北部湾盆地福山凹陷流沙港组二段火成岩 $^{206}Pb/^{204}Pb$-$^{208}Pb/^{204}Pb$-$^{207}Pb/^{204}Pb$ 相关图
DMM、HIMU、EM1、EM2 区域引用自 Zindler 等(2016)，OIB 区域引用自 Standigel 等(1986)，
其他数据范围引用自鄢全树等(2008)与石学法和鄢全树(2011)

元，与海南岛新生代玄武岩类似(鄢全树等，2008)。火成岩形成原因应该是被交代的富集软流圈地幔发生不同程度部分熔融，但是总体而言其熔融程度并不高(Liu et al., 2017)。

我们利用稀土元素比值 La/Yb-Sm/Yb 来判断熔融程度(图 4-17)，结果显示样品 HD4-6e 熔融程度最低，而样品 H5x 熔融程度最高。与其他样品相比，样品 H5x 具有最低的稀土元素含量，同时还具有较高的 Sr 同位素比值，最低的 Pb 同位素比值，可能是受到了地壳物质的混染，也可能是海水蚀变导致的。

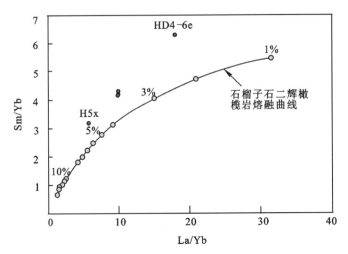

图 4-17　北部湾盆地福山凹陷流沙港组二段火成岩 La/Yb-Sm/Yb 相关图

(图版据 Johnson 等,1990)

4.3.2　流沙港组二段火成岩锆石 U-Pb 年代学研究

对钻井取芯的微量样品展开年代学研究具有很大的挑战性,主要原因是钻井获取的样品量很小。针对此类样品,最有效的方法当属 K-Ar 或 $^{40}Ar-^{39}Ar$ 定年法,$^{40}Ar-^{39}Ar$ 方法只需一个火成岩样品即可获得岩浆侵入年代。但是可惜的是,镜下鉴定显示这套辉绿岩样品存在一定的蚀变,所以 K-Ar 或 $^{40}Ar-^{39}Ar$ 定年法并不适用。与此同时,对于辉绿岩这种微晶质岩石矿物,也很难挑选出不同种类的矿物使用 Rb-Sr 或 Sm-Nd 等时线获得可靠的年代。所以,针对这些火成岩样品,锆石 LA-ICPMS U-Pb 定年法可能是唯一行之有效的年代学方法(吴元保和郑永飞,2004)。

我们通过重力和磁选方法,在获取的 10 kg 岩芯样品中挑选出了 70 粒锆石,而且大多数直径都很小,只有 30~120 μm,由于激光打点时采用的激光剥蚀孔径为 24 μm,经过制靶后,只有 10 个样品完成了有效的锆石定年测试,年龄结果如图 4-18 所示(详细数据见林正良,2011)。锆石定年获得的年龄数据可以大致的分为两组,一组年龄分布范围为 271~238 Ma,另一组年龄分布范围为 37~32 Ma。第一组锆石形态差异较大,环带不清晰,应该为岩浆上侵过程中捕获围岩中的锆石。第二组锆石与第一组锆石存在较大的差异,具有典型的韵律性岩浆振荡环带,显示该锆石形成于非平衡的结晶环境中,因而这组锆石的年龄可以近似地代表锆石的形成年龄,即指示该套基性岩浆上侵的结晶年龄。进而,通过激光锆石定年分析,我们初步将流沙港组二段基性辉绿岩的结晶年龄确定为 (36.8 ± 0.6) Ma 和 (32.3 ± 0.3) Ma。基于有限的锆石年代学数据,很难理清岩浆上侵的期次和过程。根据岩浆侵位普遍具有多期次的特征,我们推测 (36.8 ± 0.6) Ma 和 (32.3 ± 0.3) Ma 是两期主要的岩浆上侵时期。

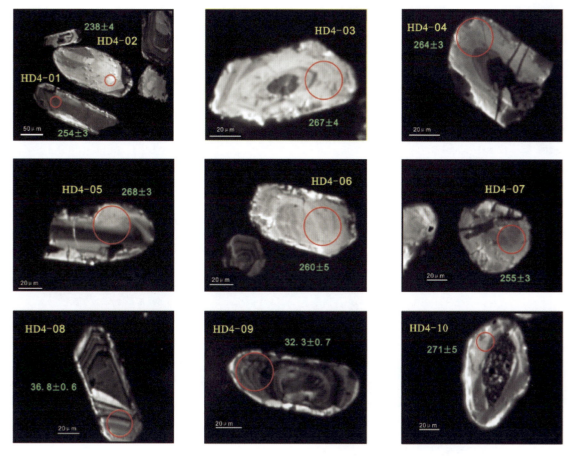

图 4-18 福山凹陷流沙港组二段火成岩锆石阴极发光(CL)图像和年龄值(Ma)

4.4 构造热事件对烃源岩成熟的影响

近年来,国内外学者研究发现,短时间的构造热事件与烃源岩的成熟和油气富集成藏关系密切(Barker,1988,1991)。火山岩侵入作为一种典型的构造热事件,在岩浆侵入同时,一定会带来巨大的热量,导致烃源岩快速成熟。为此,对东部白莲地区的烃源岩展开细致的研究,通过各种热异常的发现,凸显短时间的构造热事件对烃源岩成熟的影响。

4.4.1 火成岩侵入部位的热异常表现

1. 火山岩侵入部位气油比异常

如前所述,与西部地区相比,东部白莲地区具有极高的气油比值,反映出该地区烃源岩已经达到过成熟生气阶段,产气量很高,这一特征与古地貌反演得到的结果具有较大的矛盾。古地貌反演结果(图4-19、图4-20)显示东部白莲次凹的埋藏深度比西部皇桐次凹要浅,钻井结果也揭示了西部皇桐次凹的埋藏深度要比东部白莲次凹深,相差达1000 m。如果烃源岩的成熟只受控于埋藏深度这单一要素,西部皇桐次凹应该具有更高的成熟度,这与烃源岩模拟的结果不一致。因此,福山凹陷这种"浅埋深富气、深埋深富油"的异常,用埋深深度这个单一的烃源岩成熟要素难以解释,还与火成岩的侵入密切相关。

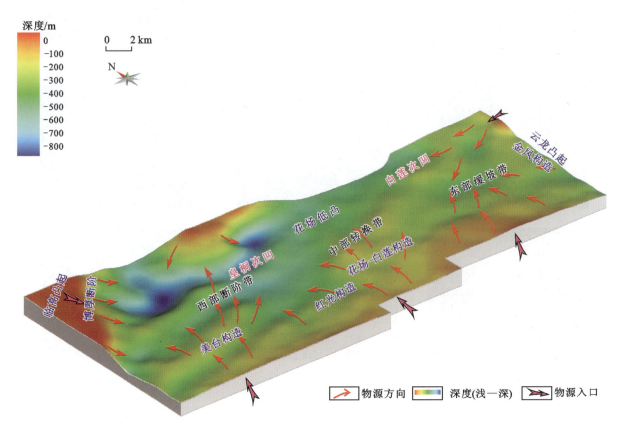

图 4-19 北部湾盆地福山凹陷流沙港组二段沉积时期三维古地貌图

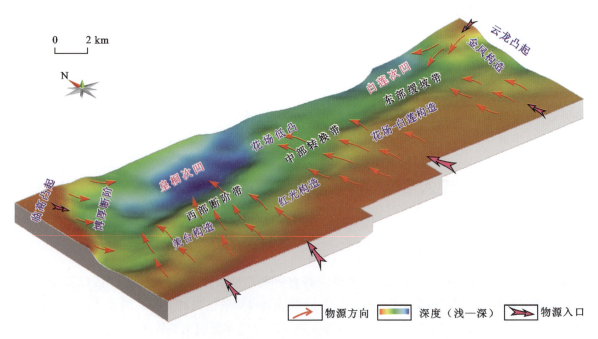

图 4-20 北部湾盆地福山凹陷流沙港组一段沉积时期三维古地貌图

2. 火成岩侵入部位 R_o 异常

本次通过 110 个岩样镜质体反射率(R_o)数据,分区域进行了 R_o 与深度拟合关系研究(图 4-21)。从 R_o 与深度的关系上来看,永安、花场、白莲地区的生烃门限相当,分别为 2000 m、2150 m 和 2050 m,美台地区的生烃门限相对较深,为 2800 m。从永安、花场、美台地区 R_o 与深度的拟合关系上来看,两者相关性很好,R_o 随着深度的增加而逐渐增大。而白莲地区在 2500~3100 m 附近,R_o 出现了一个明显的异常区域,该区域 R_o 突然变大,最大值达到 2.7,平均值为 0.9,远大于埋藏更深的流沙港组三段的 R_o 平均值(Liu et al.,2016)。这一异常区用单一的埋藏深度要素难以解释,我们推测该异常与火成岩侵入事件密切相关。东部白莲地区在 3000~3500 m 有厚层火成岩体侵入,该侵入体上部的泥岩出现明显的热成熟度异常。

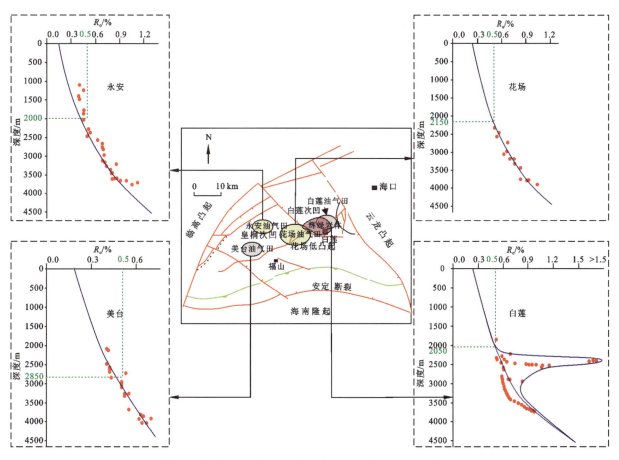

图 4-21 北部湾盆地福山凹陷各区域 R_o 与深度拟合关系

3. 火成岩侵入部位残余 TOC 和氯仿沥青 A 异常

福山凹陷东部地区主要发育缓坡型层序充填样式。从盆地边缘至中心,砂岩厚度逐渐减小,地层厚度逐渐加大,未发现泥岩厚度突变区域(图 4-22)。流沙港组二段泥岩厚度等值线图也同样反映这一规律(图 4-22),泥岩厚度具有由盆地边缘至凹陷中心逐渐变大的整体趋势。本次研究通过 100 余个实测残余 TOC 和氯仿沥青 A 数值投图(图 4-23、图 4-24),发现在白莲地区(火成岩体侵

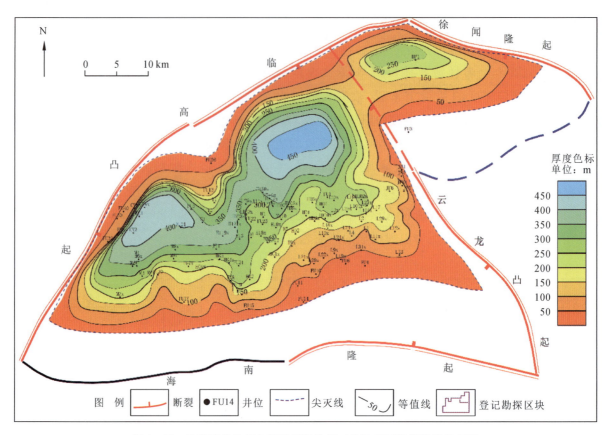

图 4-22 北部湾盆地福山凹陷流沙港组二段泥岩厚度等值线分布图

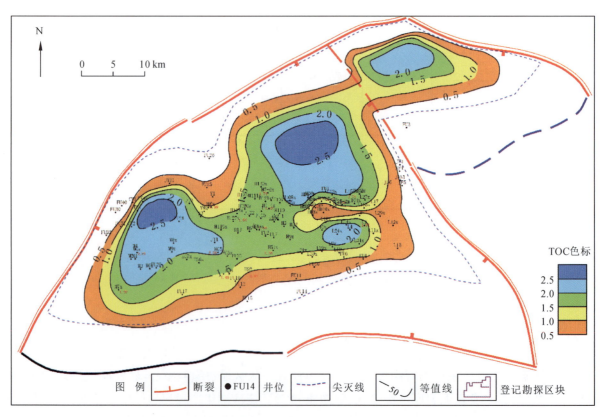

图 4-23 北部湾盆地福山凹陷流沙港组二段残余 TOC 等值线分布图

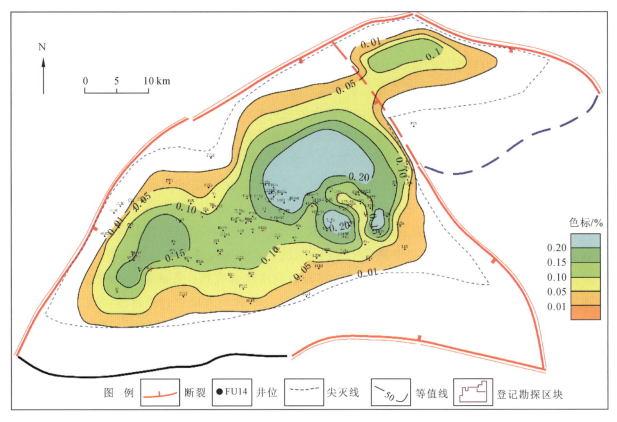

图 4-24 北部湾盆地福山凹陷流沙港组二段氯仿沥青 A 等值线分布图

入区域)存在一个明显的异常低值区域,与该层位的泥岩厚度等值线图不匹配。东部白莲地区烃源岩残余 TOC 介于 0.5～1.0 之间,而白莲地区附近的烃源岩残余 TOC 普遍大于 2.0,在残余 TOC 等值线图上表现为一个明显的异常区。尤其需要注意的是,在白莲地区南部的斜坡区域,地层埋深比白莲地区浅,烃源岩的埋藏厚度也比白莲地区小,但白莲次凹以南区域烃源岩残余 TOC 却比白莲地区高很多。在氯仿沥青 A 等值线图上,白莲地区也同样出现一个异常低值带,数值范围在 0.05～0.10 之间,而周围地区的烃源岩氯仿沥青 A 的数值普遍大于 0.2。TOC 和氯仿沥青 A 异常区域的出现说明此地区烃源岩热演化受到了区域性的热事件的影响。

4. 高含量 CO_2 分布区域

李美俊等(2006)对福山凹陷 CO_2 含量和分布进行统计,结果显示 CO_2 气体主要富集于福山凹陷东部白莲地区与中部花场和花东地区,天然气中 CO_2 含量为 36%～97%,而西部地区 CO_2 气体含量很低(小于 5%)。CO_2 气体含量的分布范围与流沙港组二段辉绿岩的分布范围较为吻合。与此同时,碳同位素 $\delta^{13}C_{CO_2}$ 值的分布范围为 -10.08‰～-5‰,根据戴金星等(2011)提出的碳同位素 $\delta^{13}C_{CO_2}$ 判识标准分析,花场和白莲地区的 CO_2 气体为无机成因,并且具有火山-岩浆和幔源成因的特征。

4.4.2 火成岩侵入与烃源岩成熟的关系

传统的观点认为烃源岩的成熟主要受盆地埋藏深度控制,最大埋藏深度对应于最大古地温。然而,众多研究都发现地层埋深并不是烃源岩成熟的唯一控制要素,越来越多的研究强调沉积盆地中短时间的构造热事件对有机质成熟和矿物转化至关重要(Liu et al.,2017),这意味着当我们进行盆地热史恢复时,除了考虑地层埋藏过程,还要考虑区域性的构造演化。

从火成岩侵入部位已发现的各种异常来看,白莲地区的烃源岩成熟除了受到埋藏深度的控制以外,明显受到其他热事件的影响,因为流沙港组二段埋藏比流沙港组三段浅500~1000 m,但热成熟度明显比流沙港组三段高,这与传统的观点相违背。该区域火成岩侵入事件的确定可以很好地为以上异常给出答案。火成岩的侵入部位与 R_o 出现异常区域的部位、残余 TOC 异常部位、氯仿沥青 A 异常部位具有很好的吻合关系(Liu et al.,2016),说明岩浆在上侵过程中,除了提供物质外还为烃源岩的成熟提供了热量,促使烃源岩在短时间内快速成熟。火成岩侵入体的揭露可以很好地解释为什么白莲地区流沙港组二段 R_o 可以达到2.6,进而可以解释东部地区富含油气的原因。我们通过福山凹陷东部地区地层 R_o 与深度拟合关系可以看出,在没有异常热事件影响的情况下,地层深度只有达到4800 m 以下,R_o 的数值才可能达到1.3以上,烃源岩才可达到过成熟阶段,达到生气高峰(Liu et al.,2017)。

虽然东部地区埋深相对西部地区较浅,但火成岩侵入为其提供了外来的热量,而且这种侵入往往具有多期次幕式特征,并且在侵入体下部往往发育大型的岩浆房,为其持续地提供热量和物质,最终导致烃源岩过成熟富集成气。同时,我们也可以看出,类似于岩浆侵入这种短时间的构造热事件对烃源岩成熟的影响很大,可以在短时间内导致烃源岩快速成熟生气。这与福山凹陷生烃动力学研究结论基本一致(图4-25),模拟结果发现白莲地区自33Ma左右开始生气,主生气期出现在30 Ma。Easy% R_o 为1.05%左右时,开始进入生气期,转化率达到0.4左右。从模拟结果来看,生气早期可能以干酪根裂解的伴生气为主,后期出现原油裂解气。

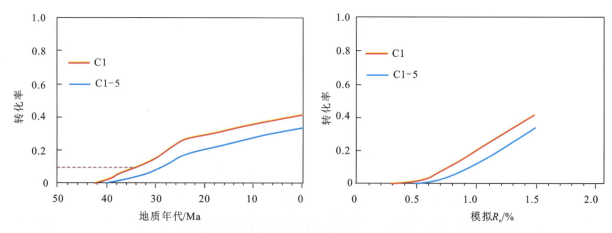

图4-25 北部湾盆地福山凹陷东部白莲地区中心烃源岩生气地质模式

国外学者的众多研究也证实了这一观点,短时间的构造热事件对盆地的影响越来越受到科学家的关注和重视(Barker et al.,1988,1991)。例如,在1988年,Barker就提出了短时间的构造热事件对烃源岩的成熟和石油的形成起到了很重要的作用。Uysal等(2000,2001)对澳大利亚Bowen盆地砂岩储层自生伊利石进行系统研究发现,其Rb-Sr和K-Ar年代集中于215～205 Ma和155～140 Ma,这两期矿物年代与盆地最大埋深并不对应,而与区域的构造事件相关。Zhao等(1996)通过裂变径迹、镜质体反射率和K-Ar年代学分析恢复了鄂尔多斯盆地构造热事件的年代,发现构造热事件对盆地成熟起到了很好的控制作用。Robert(1988)通过对已发表的不同类型的沉积盆地研究成果进行了归纳总结,发现大多数的沉积盆地都经受到由区域热事件导致的热成熟。因此,本次研究证明了在陆相沉积盆地的研究中,埋藏深度并不是导致烃源岩成熟的唯一要素,区域性的构造热事件(如岩浆侵入等)对烃源岩的成熟至关重要,值得引起重视。在恢复盆地热史时,除了需要考虑盆地埋藏深度这一要素外,有必要对构造活动强的盆地或地区展开系统的构造热事件研究,进而分析烃源岩成熟的主要因素。

第 5 章　福山凹陷油气富集规律与勘探方向

5.1　层序充填样式划分

在第 4 章中,我们系统地论述了短时间的构造热事件对烃源岩成熟的控制作用,尤其是东部白莲地区的火成岩侵入事件在带来物质侵入的同时,带来了巨大的热量,导致白莲地区烃源岩的快速成熟。然而,油气统计结果显示,福山凹陷的油气主要富集于中部地区而非东部地区,其油气富集规律尚不清楚,亟待我们展开细致的研究,主要研究内容包括:①福山凹陷各区域油气成藏规律与勘探方向;②福山凹陷中部地区油气富集机理研究。本次研究将福山凹陷划分为 3 个构造单元,对西部、中部和东部地区的层序充填样式、沉积展布模式和油气成藏规律展开研究,提炼区域油气成藏模式,进而服务于油气勘探。研究中运用了"点—线—面—体—时"的研究方法,在构造特征、岩芯沉积相、单井沉积相、连井沉积相、研究区沉积体系演化研究的基础上,经过高度的提炼和概括得出福山凹陷油气分布规律及控制因素,前期工作在此不再赘述。

通过三维地震精细解释和断裂组合特征分析,并结合东西部构造差异特征,我们在福山凹陷中部地区识别出一构造转换带,并据此将福山凹陷划分为 3 个次级构造单元:西部皇桐次凹、中部构造转换带和东部白莲次凹。福山凹陷南部地区总结出 3 种不同类型的断裂体系,分别为西部伸展断裂体系、中部构造转换断裂体系和东部伸展-走滑断裂体系(图 5-1),这 3 种构造体系控制着层序发育和沉积充填展布。西部伸展构造体系发育一系列近乎平行的北东东向同沉积断裂,断裂活动性强、断距大。中部构造转换断裂体系以构造转换带和转换断层发育为特征,该地区构造复杂,为东、西部构造体系的叠合部位。而东部伸展-走滑断裂体系内断层活动性较弱,具有一定的走滑特征。

中部构造转换带发育于中部花场低凸起上,继承了早期地垒式低凸起的构造格局(图 5-2)。福山凹陷具有"东西分带、南北分块"的典型构造特征,发育东部白莲和西部皇桐两大次凹。受临高断裂活动的影响,西部伸展断裂体系发育一系列平行的北东东向同沉积断裂,断裂断距大,断裂活动速率高达 100 m/Ma。而东部伸展-走滑断裂体系主要受控于长流断裂的活动,断距小、断裂活动速率低,平均为 20 m/Ma。中部构造转换带发育于两断裂体系之间,东部和西部断裂体系在此叠覆。

1. 西部地区多级断阶型层序充填样式

西部地区的断层发育主要受控于临高断裂的活动,形成了一系列阶梯状北东东向断裂,形成了

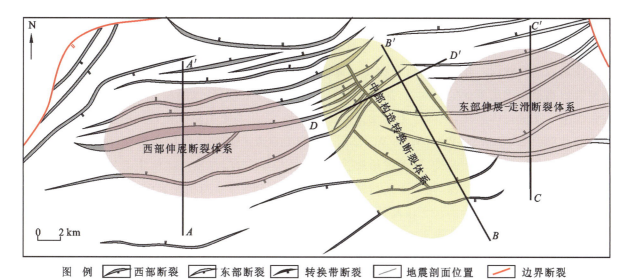

图 5-1　福山凹陷构造单元划分与流沙港组一段断裂分布平面图

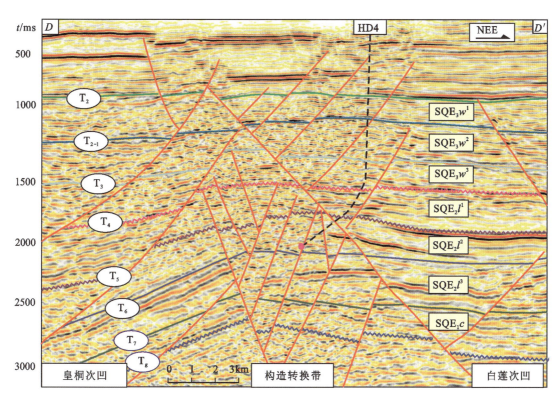

图 5-2　北部湾盆地福山凹陷构造转换带东西向剖面构造特征（剖面位置见图 5-1）

典型的多级断阶型层序充填样式。这些同沉积断层相互平行，断距大，断层活动速率强，美台断裂最大活动速率达 100 m/Ma。这些同沉积断裂对相带展布的控制作用明显，以低位辫状河三角洲和低位扇的控制最为明显，低位扇主要发育于断层的根部（图 5-3）。

向着湖盆方向，西部断阶带可以进一步细分为一级断阶、二级断阶、三级断阶和深湖 4 部分（图 5-3）。一级断阶主要以辫状河三角洲平原沉积为主，砾石含量高。二级断阶主要发育辫状河三角洲前缘沉积,沉积粒度较一级断阶区域细。三级断阶与前两级断阶有着显著的不同,该区域断裂活动速度最快,断距最大,对沉积展布的控制作用也最强。另一个显著的特征是,低位扇在该部位开始发育,主要分布于同沉积断裂的根部,与同沉积断裂在空间上具有很好的匹配性,在沉积上仍以高位体系域的辫状河三角洲前缘沉积为主。深湖部位由于水体较深、距物源较远,高位体系域的三角洲沉积物很难推进到此处。因而,深湖区域只发育一些薄层砂岩,以湖相泥岩和细砂—粉砂夹层沉积为主。在低位体系域,该部位主要发育低位扇沉积,沉积物重力流沉积特征明显。

连井剖面 W1—W2—W3—W4—W5 显示了西部地区沉积相的纵向展布特征(图 5-3)。流沙港组二段低位体系域沉积时期,物源供给较为充分,低位扇发育,在皇桐次凹中心发育大范围的湖底扇体沉积。随着湖水较深,湖扩体系域基本不发育砂岩沉积,以湖相泥岩沉积为主,为研究区一套重要的烃源岩层。流沙港组二段高位体系域时期和流沙港组一段低位体系域沉积时期,湖水很深,物源供给较弱,只在断阶带发育少量的辫状河三角洲前缘沉积,沉积物单层厚度薄,以细粒沉积为主。与流沙港组二段湖扩体系域相比,流沙港组一段湖扩体系域物源供给相对充分,在断阶带发育少量的湖扩体系域三角洲沉积。流沙港组一段高位体系域沉积时期,物源供给显著加强,发育多套砂体沉积,向湖盆方向不断进积。

西部断阶型层序样式显示该地区沉积充填具有明显的分带性。低位体系以低位扇(湖底扇)沉积为主,主要分布于深湖地区。湖扩体系域扇体规模相对较小,主要分布于斜坡区。而高位体系域物源供给充分,多套砂体以不断进积的形式向湖盆推进,在断阶带主要发育辫状河三角洲沉积,在深湖区发育少量的浊积扇沉积(图 5-3)。

2. 中部地区挠曲坡折型层序充填样式

中部地区构造样式与东部地区、西部地区都有较大的差异。该区域构造复杂,断层直立且发育花状构造(刘恩涛等,2012;Liu et al.,2014;图 5-4)。在东西向剖面上,可以看出该地区发育深层反向断裂,是沉积后期形成的非同沉积断裂体系。南北的地震剖面显示,浅层正向断裂在中部地区几乎不发育,与东部地区和西部地区形成了鲜明的对比(图 5-4)。该地区发育典型的挠曲坡折带,越过坡折带地层坡度突然变大,沉积相的展布主要受到了挠曲坡折型层序发育模式的控制(图 5-4)。中部地区流沙港组二段可以见大范围的火成岩体,在地震上表现为强反射,导致流沙港组一段地震品质较差。

从中部地区连井剖面 C1—C2—C3—C4—C5—C6 上也可以看出这一规律,在坡折带以上地层较薄,以含砾粗砂岩沉积为主,越过坡折带,地层迅速加厚,在湖盆中心发育湖底扇沉积(图 5-4)。需要指出的是,湖底扇沉积的部位受到了古地貌的控制,在北西向剖面上虽然同样有挠曲坡折带发育,但是并未发现湖底扇沉积,湖底扇沉积主要沿着北东向推进,沉积于白莲次凹中。

挠曲坡折型层序充填模式可以划分为缓坡带区、挠曲坡折区和深湖区三大部分。在缓坡区,见下切谷沉积,T_4 界面普遍剥蚀严重,以含砾粗砂岩沉积为主,低位体系域和湖扩体系域在该区虽有少量砂体展布,但是范围都不大。挠曲坡折区是斜坡坡度发生突变的区域,该区地层迅速加厚,尤其以流沙港组一段高位辫状河三角洲最为典型,以多期进积式砂体沉积为特征。在高位体系域时期,物源供给十分充分,砂体可推进至湖盆中央,以辫状河三角洲前缘远沙坝沉积为主,在湖盆中心由于重力卸载还发育少量具有重力流特征的小型浊积扇体。低位体系域时期,坡折带下部发育大范围湖底扇沉积,扇体的展布范围还受到古地貌特征的影响(图 5-4)。

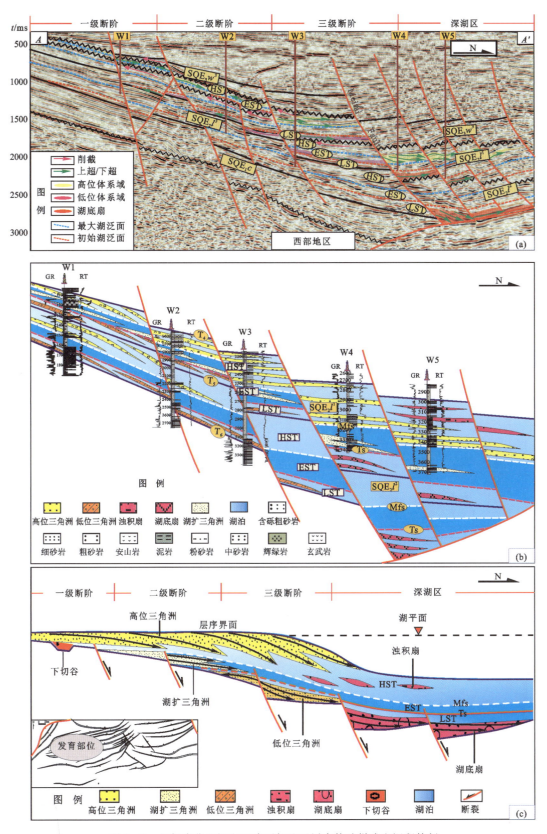

图 5-3 北部湾盆地福山凹陷西部地区层序构造样式和沉积特征

(a)西部地区典型地震剖面地震解释及构造样式分析;(b)西部地区连井沉积剖面分析;(c)西部地区多级断阶型层序充填样式。地震剖面位置见图 5-1,钻井位置见图 5-8 及图 5-9

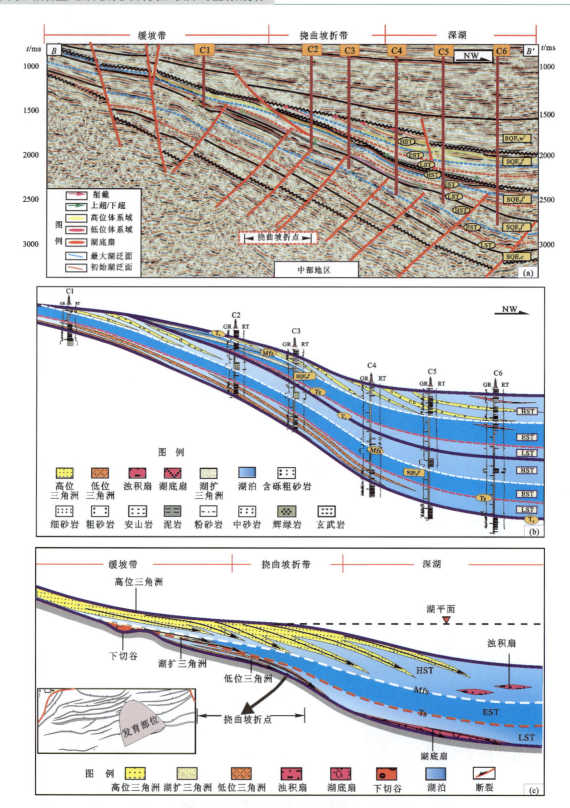

图 5-4 北部湾盆地福山凹陷中部地区层序构造样式和沉积特征

(a)中部地区典型地震剖面地震解释及构造样式分析；(b)中部地区连井沉积剖面分析；(c)中部地区挠曲坡折型层序充填样式。地震剖面位置见图 5-1，钻井位置见图 5-8 及图 5-9

3. 东部地区缓坡型层序充填样式

东部地区既不发育活动性很强的同沉积断裂,也不发育中部地区特有的挠曲坡折带,只见坡度变化不大的缓坡型层序充填样式(图5-5)。该区域层序充填最大的特征是沉积物沿着斜坡逐渐向北推进,缺乏具有明显优势的沉积空间,砂体厚度变化小,且沉积厚度比其他区域小(图5-5)。从连井剖面E1—E2—E3—E4—E5同沉积断面图上可以看出,东部地区砂岩的厚度明显比其他区域(中部地区和西部地区)要小很多,以薄层状砂岩沉积为主(图5-5)。扇体从陆源方向不断向北推进,发育多期薄层扇体,体现出不断进积的特征。该地区主要以辫状河三角洲前缘沉积为主,低位体系域沉积时期湖底扇规模很小甚至不发育,湖扩体系域沉积时期基本不发育扇体,体现出该区域物源供给相对较弱。

4. 层序充填样式多样化原因初探

在陆相断陷盆地的研究中,层序充填样式的多样化往往归功于坡折带类型的多样化或构造背景的差异性(Hou et al.,2012;Harding et al.,1979;Le Dantec et al.,2010),对各层序充填样式或者坡折带类型之间的关系缺乏深入的研究。如上所述,福山凹陷南部地区发育3种不同类型的层序充填样式:西部多级断阶型层序充填样式、中部挠曲坡折型层序充填样式和东部缓坡型层序充填样式(图5-3—图5-5)。构造转换带对层序的控制体现在两个方面,首先构造转换带的出现将东部和西部分割为两个独立的构造单元,限定了各构造单元的发育范围,并阻碍了凹陷均一化。两个构造单元发育不同的断裂体系,进而发育截然不同的层序充填样式。构造转换带对层序控制的另外一个方面在于促使中部地区发育挠曲坡折型层序充填样式。在断层的转换部位往往发育挠曲型隆起,因此大型的构造转换带往往发育于构造高部位,形成一个明显的凸起(Morley et al.,1995;Gibbs et al.,1984;Childs et al.,1995)。因此,在构造转换带的外侧会形成一个明显的陡坡,导致从转换带发育部位至湖盆中心形成一个明显的挠曲坡折带。前人的研究也发现挠曲坡折带通常发育于陆相断陷盆地内的构造转换带部位(鲍志东等,2011;Wang et al.,2011;Peacock et al.,2000)。

因此,在陆相断陷盆地层序地层学研究中,构造转换带提供了一个新的视角去研究层序充填样式的多样化(Liu et al.,2015)。构造转换带有利于更加深入地了解层序的发育机理以及各层序样式之间的关联性。

5.2 构造-层序-成藏响应关系研究

断陷盆地是一种典型的构造活动性盆地,表现为时间上的幕式性和空间上的差异性。在含油气盆地中,油气资源的生成、运移和成藏与构造体系或构造活动密不可分。构造演化通常在油气成藏过程中起到了极其重要的作用,控制着油气的聚集和分布格局。

在陆相断陷盆地中,构造对层序、沉积及成藏的控制往往通过不同类型的构造坡折带来实现(林畅松等,2000,2005)。构造坡折带通常指规模较大、长期活动的同沉积断裂形成的沉积地貌的突变地带,并构成盆地内部古地貌单元和沉积相的边界。受构造体系的控制,不同的构造单元中发育不同类型的坡折带类型。在福山凹陷西部伸展断裂体系中,发育多级断裂坡折带(图5-3)。在

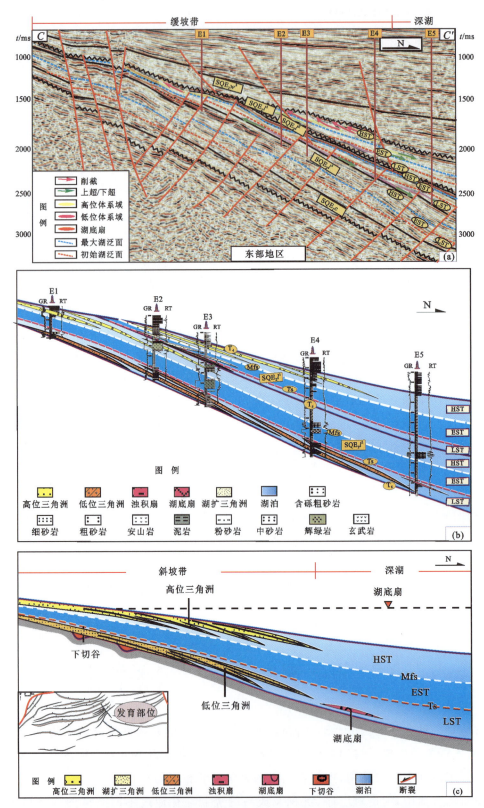

图 5-5 北部湾盆地福山凹陷东部地区层序构造样式和沉积特征

(a)东部地区典型地震剖面地震解释及构造样式分析；(b)东部地区连井沉积剖面分析；(c)东部地区缓坡型层序充填样式。地震剖面位置见图 5-1，钻井位置见图 5-8 及图 5-9

中部构造转换带地区,断裂虽然多但都处于断裂的末端,断裂活动性较弱,主要发育挠曲坡折带(图5-4)。而在东部地区,并不发育沉积地貌的突变地带,因此该地区并不发育构造坡折带,以缓坡型构造古地貌为特征(图5-5)。

构造坡折带通过其发育特征、演化过程和组合样式决定着盆地内可容纳空间和物源体系的变化,进而决定盆地不同部位的层序充填样式(任建业等,2004;冯有良等,2006;朱筱敏等,2008)。西部地区发育的断坡带是最早被学者注意到的坡折带类型。在多个相互平行的同沉积断裂的控制下,该地区主要发育多级断阶型层序充填样式,可容纳空间主要位于同沉积断裂的根部。由于持续的断裂活动,多级断阶对沉积体系的类型及分布都起到了良好的控制作用,在不同的充填演化时期控制着多个相带的展布(图5-3)。在低位体系域沉积时期,在断阶带的断层根部发育低位辫状河三角洲沉积,在深湖区的断层根部发育湖底扇沉积;高位体系域沉积时期,物源供给充分,以多期相互叠置的砂体不断进积为特征。中部地区的挠曲坡折带通过古地貌特征对层序充填起到了良好的控制作用,越过挠曲坡折点,可容纳空间突然增大,为湖底扇沉积提供了良好的场所。在坡折点之上,主要发育辫状河三角洲沉积(图5-3)。挠曲坡折带对层序充填的另一作用表现为对物源发育的控制,该地区高位体系域物源供给十分充分,在高位体系域沉积时期发育多期厚层进积砂体(图5-4)。在东部地区,由于并不发育坡折带,因而该地区并不发育具有明显优势的可容纳空间,物源的供给也较西部地区和中部地区弱,以多期薄层砂体向北推进并不断变薄为特征(图5-5)。

不同构造背景产生的构造坡折带控制着不同类型的层序充填样式和沉积体系特征,进而在不同的构造-沉积部位形成了相应的圈闭分布模式(冯有良,2005;陈全茂和李忠飞,1998;姜在兴等,2009;倪新锋等,2007;朱筱敏等,2003)。在西部多级断阶型层序样式发育地区,同沉积断裂的根部是沉积扇体展布的主要部位,沉积扇体类型主要为湖底扇、斜坡扇和大型辫状河三角洲。湖底扇体主要发育于深湖区活动性较强的断层根部。该地区"双层结构"不发育,以浅层正向断裂发育为特征,断层对油气的输导起到了积极的作用,而不整合面对油气运移起到了封堵作用。西部地区在皇桐次凹中心发育厚层的优质烃源岩,油气沿着断裂垂向运移到断阶带,而斜坡区控制的砂体则成为了良好的储集体。西部地区主要发育断块等构造油气藏,在断层与不整合面的交界处发育构造-岩性复合油气藏,在深湖区的湖底扇沉积中发育岩性油气藏(图5-6)。

在中部挠曲坡折带发育地区,由于构造转换带的发育,物源供给充分,砂体富集,所以该区域发育多种类型的油气藏。中部地区普遍发育"双层结构",深层反向断裂对油气具有良好的封堵作用,有利于来自流沙港组三段的油气富集成藏。而构造转换带的发育,导致整个中部地区处于构造高部位,促使东部和西部深凹处的油气经过垂向运移至此,这一优势对该区域油气富集显得尤为重要。该地区发育多种岩性油气藏,主要包括在湖盆区发育的湖底扇油气藏,在斜坡区发育的砂岩上倾尖灭型油气藏。该地区的构造油气藏也非常富集,主要为分布于构造转换带顶部的断块、断鼻、断垒油气藏,主要位于不同断裂体系的断层交会部位(图5-6)。同时,该地区发育T_4、T_5两个不整合界面,在不整合面附近发育构造-岩性油气藏(图5-6)。

在东部的无坡折地区,主要发育缓坡型层序充填样式。与西部地区和中部地区相比,该地区物源供给较弱,油气藏的类型也相对简单一些。该地区主要发育的构造油气藏往往受控于深层的反向构造。岩性油气藏主要为在斜坡区发育的砂岩上倾尖灭型油气藏,在白莲深凹处沉积的湖底扇型油气藏,虽然沉积在东部地区,但其砂体来源于中部地区(图5-6)。

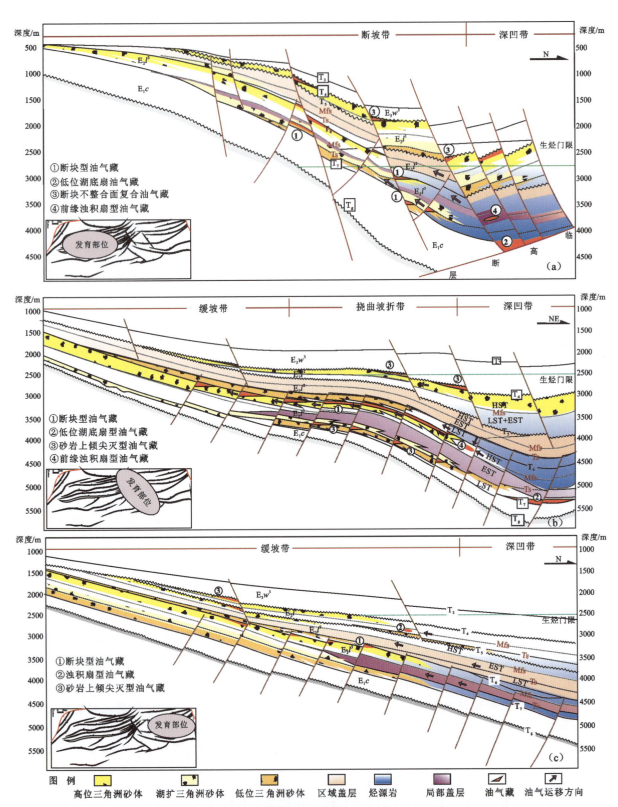

图 5-6 北部湾盆地福山凹陷不同构造单元层序成藏模式对比图

(a)西部地区油气成藏模式;(b)中部地区油气成藏模式;(c)东部地区油气成藏模式

5.3 构造转换带与油气分布的关系研究

构造转换带(又称构造调节带,transfer zone)的概念首先由 Dahlstrom(1970)在研究挤压构造中褶皱逆冲断层的几何形态中提出。自20世纪80年代开始,构造转换带的概念被广泛应用于伸展构造的研究中。在伸展型盆地的研究中,构造转换带可以定义为具有差异性的伸展构造之间,具有一定规模和延伸方向的调节构造体系(Nelson et al.,1992)。构造转换带在伸展盆地中起到了保持区域应变守恒的作用,通常不仅可以调节两构造单元之间的位移差,而且可以调节两构造单元之间的高程差,传递两构造单元之间的不同应变,使伸展盆地的应变达到应力守恒(Ebinger et al.,1987;Peacock,2003)。

构造转换带与变换构造的区别主要体现在规模的大小上。变换构造主要指尺度较小的、发育于两条断裂之间起到协调作用的调节构造(Ebinger et al.,1987;Peacock,2003);而构造转换带通常指构造尺度更大一些的、发育规模也更大一些的、由相对较大的一组断层或规模较大的两个构造单元所形成的变换构造组成的带(刘剑平等,2000)。根据断层的走向,构造转换带可以划分为反向型、同向型和裂谷边缘型三大类。根据转换断裂左右行之分,可以进一步细分为左行同向转换带、右行同向转换带、左行反向转换带、右行反向转换带、左行裂谷边缘转换带、右行裂谷边缘转换带、旋转转换带、左行转换带中释放性弯曲等类型(邬光辉和漆家福,1999;图5-7)。根据断裂的叠覆程度,构造转换带可进一步划分为横向带、斜向带和轴向带(邬光辉和漆家福,1999;刘剑平等,2000)。横向带一般具有较大的延伸方向(大于伸展方向),在叠覆小的地方发育转换构造;斜向带在叠覆量中等的区域发育;而轴向带的延伸方向则大致平行于断层的走向或盆地的伸展方向,在叠覆量大的地方发育。在这些类型中,同向构造转换带及反向构造转换带较为常见,其中以横向带最为普遍。

自从构造转换带被应用到伸展盆地的研究中以来(Childs et al.,1995;Bosworth,1985;Stewart,1980;Coskun,1997),一大批的构造转换带被众多学者识别(Faulds and Varga,1998;Kornsawan and Morley,2002;González-Escobar et al.,2010;Miller et al.,2007;Quintana et al.,2006;Smit et al.,2008;王家豪等,2010)。随着大量的油气在这一区域被发现,构造转换带也逐渐成为含油气盆地研究中的一个新的热点。在我国陆相盆地的研究中,众多学者在板桥凹陷、准噶尔盆地、黄骅凹陷、东濮凹陷中也识别了为数不少的构造转换带(梁锋等,2008;鲍志东等,2011;梁富康等,2011;Athmer et al.,2010;Athmer and Luthi,2011)。

总的说来,前人的研究主要集中于转换带的识别(Peacock et al.,2003;González-Escobar et al.,2010)、形成机理(Faulds et al.,1998;Peacock,2003)和实验模拟(Smit et al.,2008),对构造转换带的控制作用研究较少。鲍志东等(2011)通过对准噶尔盆地构造转换带进行系统的研究,发现构造转换带控制了盆地内水系的发育,进而对油气储层起到良好的控制作用。针对构造转换带对沉积展布的控制作用,国际上虽有一些报道,但是这些成果存在较大的争议。例如,Hu等(2012)通过对板桥凹陷研究认为构造转换带控制了盆地内大型扇体的发育。而Jolley和Morton(2007)则

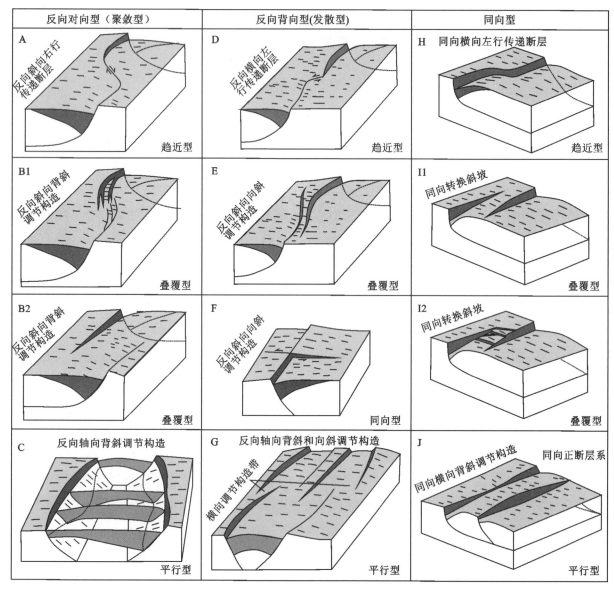

图 5-7 构造转换带类型划分(据 Childs 等,1995 修改)

认为古近纪沉积时期,Clair 构造转换带对沉积物的输送起到了抑制作用。Athmer 和 Luthi(2011)通过对前人的研究进行归纳总结,发现在盆地发育的不同时期,构造转换带对沉积展布的控制作用有所差异。

油气统计结果显示,福山凹陷在高位体系域沉积时期油气主要富集于中部地区,而在低位体系域沉积时期油气主要富集于东部白莲地区。本节的研究思路是,以流沙港组一段高位体系域和流沙港组二段低位体系域为主要的研究层位,探讨低位体系域和高位体系域沉积时期,构造转换带对物源和砂体展布的控制作用,进而研究构造转换带对油气富集成藏的控制机理,提炼中部地区特殊的油气成藏模式。

5.3.1 构造转换带对砂体展布的控制

1. 高位体系域(HST)沉积时期

福山凹陷构造转换带不仅对层序充填样式起到了良好的控制作用,还与转换带发育地区的沉积物展布有密切的关系。虽然我们对构造转换带的发育机理尚不清楚,但是构造转换带与沉积体系的空间匹配关系显示出,在高位体系域沉积时期构造转换带对中部地区的沉积展布起到了良好的控制作用(Liu et al.,2015)。本次研究建立在200余口钻井测井曲线、岩性数据、岩芯观察、地震识别的基础上,通过砂岩百分含量图、砂岩等厚图、岩芯沉积相识别、测井岩性沉积相识别等手段,获得了研究区流沙港组一段高位体系域和流沙港组二段低位体系域的沉积相展布图(图5-8、图5-9)。

流沙港组一段高位体系域沉积体系展布图显示,流沙港组一段高位体系域沉积体系以辫状河三角洲前缘沉积为主,在扇体前端发育小范围的浊积扇体,但是浊积扇体的规模并不大。在研究区东北和西北角边界断裂下发育扇三角洲沉积。该时期构造转换带是研究区最为主要的物源通道,在转换带的输导下中部地区发育研究区最大的辫状河三角洲沉积扇体,中部地区的扇体沿着转换带的延伸方向(北西方向)推进至最北端的桥头地区附近,扇体的规模和砂岩的厚度都最大。由此可见,该时期构造转换带对沉积展布起到了良好的控制作用。

构造转换带对沉积展布的控制,首先体现在物源通道上。断裂发育时期,受断裂掀斜作用的影响,通常断距越大,古地形就越高。构造转换带发育于两断裂体系之间,该地区断裂的断距最小,也就意味着该地区地势较低,所以构造转换带通常为凹陷内重要的物源通道。高位体系域沉积时期,物源供给充分,沉积物供给速率大于相对湖平面变化,将来自物源区的沉积物通过转换带向湖盆内输送(图5-8、图5-10)。

构造转换带对沉积展布的另一个重要的作用体现在对沉积物的输导作用上(Liu et al.,2015)。转换断层通常指构造转换带地区,为了调节断裂之间的位移差而发育的走滑断裂(González-Escobar et al.,2010)。转换断层通常与盆地边缘有较大的角度,与转换带延伸方向近乎平行(Stewart et al.,1980;González-Escobar et al.,2010)。福山凹陷中部地区发育多条北西向转换断层,断层的走向与转换带的延伸方向、沉积扇体的延伸方向基本一致。由此可见,转换断层对沉积物的输导起到了积极的作用。在这种输导作用的影响下,沉积物沿着转换断层由盆地边缘逐渐向湖盆推进,形成大规模的扇体。靠近转换断层发育部位的井,如D2、D7、C4和C5井以水下分流河道沉积为主,沉积物较粗,岩性上出现多期次正旋回叠加,含砾粗砂岩与泥岩呈现突变接触(图5-8),在岩芯上见水下分流河道滞留沉积。与之对比,远离转换断层的井或介于转换断层之间的井,如D5和D6井,砂岩单层厚度较薄,以砂泥互层为主,见多个反旋回叠加,判断以河口坝和远沙坝沉积为主,含少量的水下分流河道沉积。由此可以看出,在高位体系域沉积时期,转换断层对转换带地区的沉积物输送起到积极的促进作用,在转换断层的引导下沉积物由物源区向深湖区逐渐推进(Liu et al.,2015)。前人的研究也发现构造转换带发育地区的转换断层对沉积物的输导及沉积相的展布会有一定的影响(Coskun et al.,1997),与本次研究获得的结论一致。

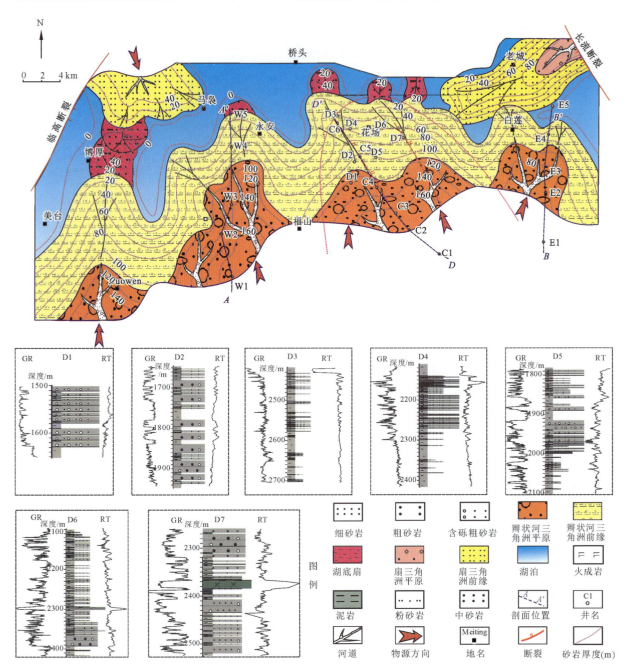

图 5-8 北部湾盆地福山凹陷流沙港组一段高位体系域沉积体系展布以及与构造转换带的空间匹配关系

2. 低位体系域(LST)沉积时期

流沙港组二段低位体系域沉积相图显示,在低位体系域沉积时期,研究区主要发育辫状河三角洲和湖底扇沉积,以西部地区扇体的规模和沉积范围最大。湖底扇沉积主要发育于西部皇桐次凹和东部白莲次凹中。与高位体系域相比,低位体系域沉积时期,构造转换带地区扇体规模并不大,砂岩的厚度比西部地区薄很多,该地区扇体的展布方向也不再与转换断层的走向平行,而是与转换带的延伸方向斜交(图 5-9)。

从扇体的规模和沉积厚度上来看,低位体系域沉积时期,构造转换带不再作为盆地内最重要的

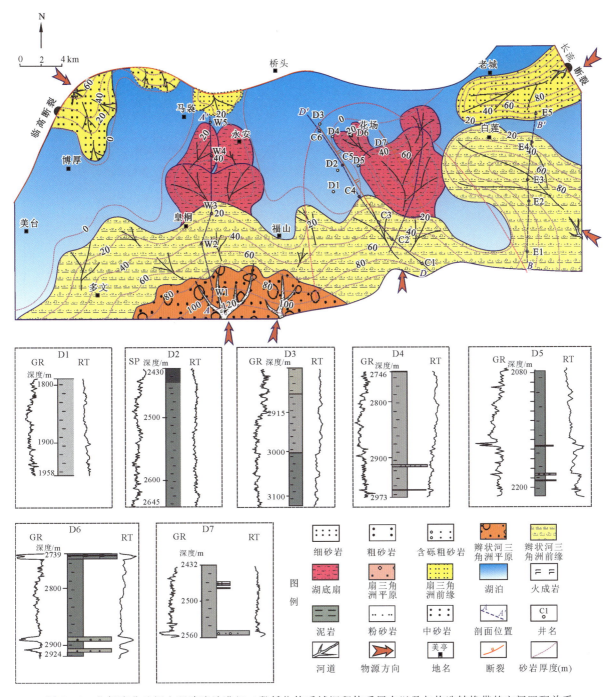

图5-9 北部湾盆地福山凹陷流沙港组二段低位体系域沉积体系展布以及与构造转换带的空间匹配关系

物源口,西部多级断阶带取代了构造转换带,成为研究区最大的物源口。在构造转换带发育地区,扇体的展布方向沿着北东方向,而转换断层的走向为北西方向,这说明该时期构造转换带和转换断层对沉积物的输导作用明显减弱,与高位体系域沉积时期形成了鲜明的对比。从湖底扇的展布范围上来看,湖底扇虽然发源于构造转换带地区的辫状河三角洲前缘的前端,但并没有沿着转换断层的走向(北西方向)向湖盆推进,而是沿着北东方向直接"滑入"东部的白莲次凹中(图5-9)。

典型测井和岩性数据显示,转换断层 A 上盘井位 D1、D2、D3 以厚层湖相泥岩沉积为主,不见湖底扇体的发育。湖底扇主要发育于转换断层 A 以东的部位,在岩芯和测井上表现为厚层泥岩中

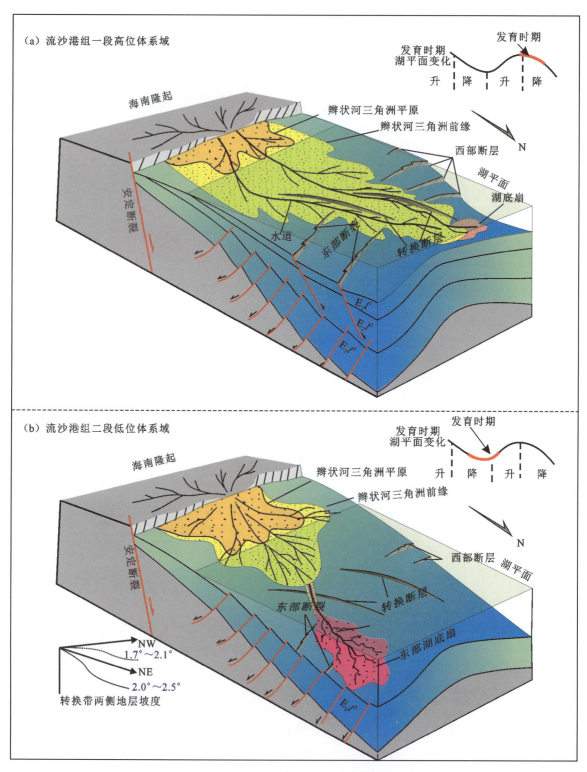

图5-10 北部湾盆地福山凹陷构造转换带处沉积过程模式图

夹薄层砂岩。从湖底扇和转换断层的空间位置关系上看,湖底扇越过转换断层A和转换断层B,在重力流的引导下,沿着北东方向进入白莲次凹。这种沉积特征与Athmer(2010)的沙箱实验模拟结果一致,证明具有重力流特征的流体可以越过构造转换带而直接注入湖盆。对该湖底扇展开细致的分析,发现东部地区湖底扇的发育与古地貌尤其是斜坡坡度密切相关。为此,我们对转换带北西和北东方向的斜坡坡度进行了对比,发现北东方向的坡度为2.0°～2.5°,显著的大于北西方向的1.7°～2.1°(图5-10)。据此,我们可以推测湖底扇之所以发育于转换带北东方向而非北西方向,与古地貌(斜坡坡度)有着直接的联系。北东方向的坡度较大,为重力流发育的优选区域。虽然湖底扇形成的具体过程尚不清楚,可能还会受到沉积物特征等因素的影响,但是可以确定的是古地貌肯定是一个重要的影响因素(Liu et al.,2014)。

通过高位体系域和低位体系域的对比研究,我们发现构造转换带对沉积展布的控制不是一成不变的,在不同的体系域沉积时期存在较大的差异(图5-10)。高位体系域沉积时期,构造转换带是研究区的最大物源口,转换断层对物源的输导起到积极的作用,转换断层发育部位常发育水下分流河道沉积微相,扇体的展布与转换断层的走向一致,由此证明该时期构造转换带通过转换断层对沉积起到了良好的控制作用(Liu et al.,2014,2015;图5-10)。而在低位体系域沉积时期,构造转换带处物源供给有限,沉积物可以直接越过转换断层,沿着与转换断层斜交的方向向深凹区推进,在白莲次凹中发育大范围湖底扇沉积微相,该时期构造转换带对沉积的控制作用减弱,沉积体系展布和物源通道方向还受到古地貌(斜坡坡度)、重力流特征等要素的控制(图5-10),我们推测古地貌(斜坡坡度)将是影响沉积展布的一个重要的因素(Liu et al.,2014)。

3. 成因初探

从图5-8—图5-10可以看出,在不同体系域,构造转换带对沉积展布的控制作用具有较大的差异性。在高位体系域沉积时期,构造转换带的走向与沉积体系的展布方向一致,构造转换带处发育最大规模的沉积扇体。由此可见,在高位体系域沉积时期,构造对沉积体系的控制作用比低位体系域要强很多。这种差异性控制作用可能与体系域特征的差异性和沉积相的差异性有关。

Athmer和Luthi(2011)对前人研究的构造转换带进行系统的总结归纳,认为构造转换带对沉积物路径的影响主要取决于构造活动速率(断层掀斜)和河流下切速率之间的比值。当构造活动速率大于河流下切速率,沉积路径往往偏离构造转换带;而构造活动速率小于河流下切速率,构造转换带控制着沉积物路径,沉积物沿着构造转换带长轴方向推进。高位体系域是在海平面由相对上升转换为相对下降的时期形成的,构造活动速率低,可容纳空间增加慢,该时期沉积供给速率大于可容纳空间的增加的速率。而低位体系域是相对海平面下降时形成的,由盆底扇、斜坡扇和河流下切谷组成。因而,总体而言,在低位体系域沉积时期,构造活动速率高,可容纳空间增加快,水动力较强,断裂活动性强,以至于在斜坡区可以发育大型的下切谷沉积,在湖盆内往往发育湖底扇沉积。这种沉积动力学上的差异,决定着在低位体系域沉积时期,构造活动速率可能大于河流下切的速率,进而导致沉积路径偏离构造转换带。

另一个很重要的因素在于沉积相的差异。在低位体系域沉积时期,湖底扇是主要的沉积扇体,在福山凹陷同样如此。湖底扇作为一种具有重力流特征的沉积产物,其发育背景、触发机理、流体性质与高位体系域时期的辫状河三角洲沉积都具有很大差异。Athmer等(2010)通过沙箱和流体模拟对构造转换带地区的浊积扇发育展开了细致研究,研究发现在大多数情况下浊积扇的展布基本不受构造转换带的控制,而是直接越过断层进入湖盆之中。即便有些模拟结果显示,构造转换带对浊积扇有一定的输导作用,但是这种输导作用也很弱,大部分的沉积物还是跨过断裂进入湖盆中。由此，我们推测高位体系域和低位体系域沉积时期，构造转换带对沉积展布控制作用的差异可能和沉积相的特征有关(Liu et al.,2015)。

5.3.2 构造转换带对油气富集成藏的控制

在构造转换带研究方面，前人主要注重于转换带的识别和形成机理研究，对油气富集规律研究较少。经过对研究区200余口钻井油气统计，显示中部地区构造转换带处发育福山凹陷最大油气田，油气产量占总凹陷的49%以上。福山凹陷油气主要富集于3个体系域内部，分别为流沙港组一段高位体系域、流沙港组二段低位体系域和流沙港组三段高位体系域。在流沙港组一段高位体系域和流沙港组三段高位体系域中，中部地区的油气总含量分别为53.3%和46.4%，由此可以发现高位体系域油气田的分布受到构造转换带的明显控制。

构造转换带发育地区油气的富集受到了砂体发育、断裂特征、构造部位、烃源岩展布等要素的控制。首先，如前所述，在构造转换带及转换断层的影响下，该地区物源供给充分，沉积物在转换断层输导下向凹陷内推进，沿着西部和西部断层断距最小处向两侧输送砂体，形成脊状形态。与其他区域相比，转换带发育地区砂体尤其富集，发育最大规模的辫状河三角洲扇体。高位体系域地区，主要发育水下分流河道、河口坝、远沙坝等沉积微相，砂岩物性较好，单层砂岩最大厚度达到了100 m，且多期砂体相互叠加，为油气成藏提供了良好的储层空间。

其次，构造转换带发育地区的断裂发育特征对油气富集也起到了积极的控制作用。在平面上，该地区发育3套断裂体系：东部伸展断裂体系、中部转换构造断裂体系和西部伸展-走滑断裂体系。3套断裂相互切割，在不同断裂体系交互部位油气最为富集，沿断层呈带状分布，易于形成断块、断鼻、断垒等构造油气藏。在纵向上，中部地区发育深层反向、浅层正向两套断裂体系，深层反向断裂为南倾的非同沉积断裂，浅层正向断裂为北倾的同沉积断裂。两套断裂体系对油气成藏的控制作用存在较大的差异，深层反向断裂消失在流沙港组二段泥岩中，对油气的封堵性较强，不仅有利于油气输导运移，同时对来自流沙港组三段的油气起到了良好的封堵作用。而浅层正向断裂系统具有良好的开启性，输导能力强，但是封堵性较差。"双层结构"的发育有利于在该地区形成微断裂，改善砂岩储层的物性，同时为油气运移提供良好的通道和动力(Liu et al.,2015)。

最后，花状构造的发育导致整个中部地区处于明显的构造高部位，为油气富集成藏也起到了积极作用。构造转换带地区，发育一个明显的花状构造，使该地区处于一个构造高部位。流沙港组二段和流沙港组一段古地貌特征也显示中部地区为一个明显的低凸起。福山凹陷在东部白莲次凹和西部皇桐次凹各发育一个油气成藏子系统，两者以构造转换带相隔。在两个含油子系统中，均发育优质烃源岩层，有机质含量都在1.3%以上，为II_1—II_2型较好—好烃源岩，流沙港组烃源岩均达到了生烃门限(Li et al.,2008)。两个含油子系统中优质烃源岩的发育为中部地区油气富集提供良好的条件(Li et al.,2008)。前人利用油藏地球化学研究方法，对福山凹陷中部地区油气充注方向展开研究，发现该地区的油气具有"双向油源"的特征，白莲次凹和皇桐次凹油气经过断裂的输导，向高部位运移至中部地区成藏。

前人的研究普遍认为，与挠曲坡折带相比，陆相断陷盆地中的多级断阶带具有更优越的成藏要素和勘探潜力(Huang et al.,2012；Zhang et al.,2012)，因为多级断阶带往往断层发育并控制着大规模的扇体的分布。然而，福山凹陷的油气分布却与之恰恰相反，油气反而在中部挠曲坡折带地区最为富集。构造转换带的发现为我们揭开了答案,福山凹陷中部地区油气富集与构造转换带的发育密切相关。构造转换带具备了油气富集成藏的多个要素,例如构造高部位、双向油源、断裂发育、砂体富集等。在这些要素的共同作用下,油气由深凹向该地区运移,使得该地区油气勘探取得重大的突破。因此,在陆相断陷盆地中,构造转换带的识别对我们理清油气成藏规律具有重要的意义。

结合福山凹陷构造转换带特征和油气藏分布规律,本次研究总结了构造转换带油气成藏模式(图5-11)。构造转换带具有砂体富集、断层发育、油源富集、构造高部位等利于油气成藏的要素。转换带两侧皇桐次凹和白莲次凹中烃源岩发育,且成熟度较高,在两次凹中生成的油气在断裂的输导下向处于构造高部位的构造转换带运移,在砂体富集的中部地区富集成藏,因而中部地区具有双向油源的特征(刘恩涛等,2013;Liu et al.,2015)。

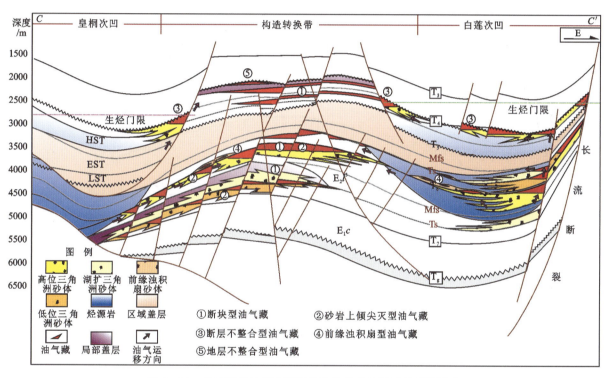

图5-11 北部湾盆地福山凹陷构造转换带地区油气成藏模式

构造转换带发育于花场低凸起之上,整体呈现出一个构造高部位,来自于下伏地层的油气顺着断层向上运移在顶部易于形成断鼻、断块和断垒等构造油气藏。转换带地区砂体富集,以多期砂体叠置为特征,因此在转换带两翼可以形成砂岩上倾尖灭型油气藏。深层反向断层既具有输导油气的作用,又起到了封堵遮挡的作用。在辫状河三角洲前缘,受构造转换断层控制,深湖的低位体系域和湖扩体系域(以流沙港组二段最为显著)发育湖底扇,透镜状的湖底扇砂体被烃源岩包围,在湖盆中心形成"自生自储自盖"型湖底扇型油气藏。T_4和T_5这两个大型的不整合界面为油气运移起到了遮挡的作用,有利于形成地层不整合型油气藏及断层不整合型油气藏(刘恩涛,2013;Liu et al.,2016)(图5-12,表5-1)。因此,构造转换带在油气勘探中具有重要的意义,表现在构造转换带地区不仅可以形成大量的断块、断鼻、断垒等构造油气藏,还可以通过控制沉积砂体的展布形成砂岩上倾尖灭型岩性油气藏。

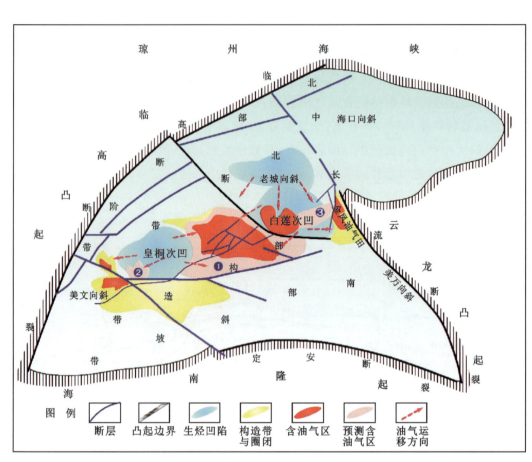

图 5-12 福山凹陷油气成藏有利区带分布示意图

表 5-1 北部湾盆地福山凹陷构造转换带地区油气圈闭类型分类

大类	类	亚类	模式图	主要发育部位	典型实例
构造圈闭	断层圈闭	断鼻圈闭		转换带脊部	花2井
		断块圈闭		转换带脊部	莲21井、莲22井
		断垒圈闭		转换带脊部	莲9井
地层圈闭	不整合面圈闭	—		不整合面附近	莲22井
岩性圈闭	上倾尖灭圈闭	—		转换带两翼	莲1井、莲2井
	浊积扇型圈闭	—		三角洲前缘	花7井、花8井
复合圈闭	不整合面—断层圈闭	—		不整合面附近	花7-4井

5.4 福山凹陷油气勘探方向选择

通过前文研究,我们发现不同的构造单元具有不同的断裂组合及古地貌特征,进而发育不同类型的层序充填样式和油气藏的分布,反映出不同构造单元具有不同的油气藏类型和勘探方向(图5-12)。

1. 构造变换带

本次研究对中部构造转换带地区油气富集规律进行了系统的研究(见5.3节),该地区具有多种有利于油气成藏的控制要素。因此,在未来福山凹陷的油气勘探中,中部构造转换带地区应该为油气勘探的重要区域,勘探前景很好。在构造转换带顶部,勘探的目标主要位于不同构造体系发育的断裂的交会处,以断块、断鼻、断垒油气藏为勘探重点,由于该地区断裂密集,因此可能发育连片的构造油气藏,例如近年来在福山凹陷 H117 断块就基于此规律发现了大型油气田。在转换带的翼部,应该以砂岩上倾尖灭型油气藏为勘探目标,但是考虑到该地区地震品质很差,因此在此类型的勘探上具有一定的风险,查明有利储集体的展布尤为重要。流沙港组三段高位体系域勘探集中于与深层反向断裂相关的构造油气藏,深层反向断裂对油气的封堵成藏起到了积极的作用。对于流沙港组二段低位体系域的勘探,应该以发育于辫状河三角洲前缘末端的湖底扇型油气藏为主,但该扇体主要发育部位位于白莲次凹中。

2. 湖盆中心湖底扇

中国的箕状断陷盆地,勘探程度普遍较高,在早期的勘探过程中主要以构造油气藏勘探为重点。随着层序地层学的成功应用,未来断陷盆地的主要勘探方向为岩性隐蔽油气藏勘探。通过本次研究发现福山凹陷最大的隐蔽油气藏勘探目标为位于东西部次凹中的湖底扇沉积,这种油气藏具有"自生自储自藏"油气成藏特征,因为毗邻烃源岩,扇体的规模大,因此是大型油气藏的聚集地(图5-13)。本次研究将东部和西部两大湖底扇沉积进行了对比分析。研究结果显示两大扇体发育的砂岩主要含有石英(50%~62%,平均55%)、长石(5%~15%,平均8.9%)和岩屑(8.1%~22.4%,平均16.1%)。东部地区湖底扇储集体砂岩孔隙度为8.1%~22.4%(平均值为16.1%),渗透率为(10~1600)×10^{-3} μm^2(平均值为116×10^{-3} μm^2),碳酸盐岩平均含量为0.5%,这些指标都显示出东部湖底扇具有良好的物性特征,为油气的有利储集体。与之对比,西部湖底扇储层孔隙度相对较低,为5%~18%(平均12%),渗透率低于1×10^{-3} μm^2,碳酸盐岩的平均含量为2%。因此,从储层的物性特征上来看,东部湖底扇明显优于西部湖底扇,勘探的潜力更大。此外,西部地区断层发育,地震品质差,对油气勘探造成了一定难度。考虑到西部湖底扇的埋藏深度通常达5000 m,比东部湖底扇的埋藏深度(4000 m)要深得多,因此该地区的油气勘探风险和成本都很高。综上所述,福山凹陷未来隐蔽油气藏的勘探应该以东部湖底扇为重要目标,西部湖底扇勘探面临着较大的风险。而东部湖底扇的油气勘探的重点在于理清砂体发育的期次、展布范围和叠置关系(图5-13)。

湖底扇的发育在福山凹陷的缓坡带,并受同沉积断裂坡折带的控制,湖底扇发育的规模受幕式

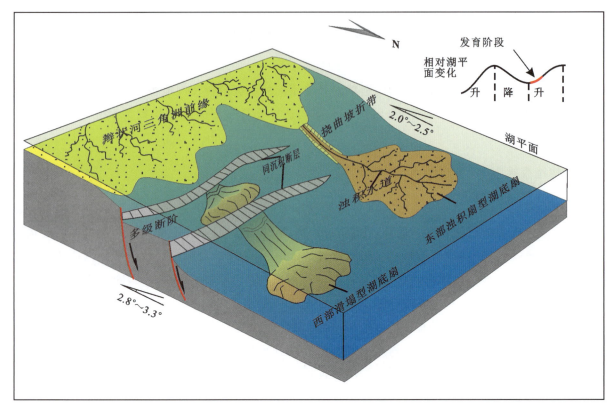

图 5-13　福山凹陷湖底扇沉积模式图

同沉积断裂的活动、沉积坡度角、物源供应等因素的共同影响。福山凹陷自古新世以来经历了强烈的裂陷作用,为北断南超的箕状断陷。凹陷内部构造活动强烈,在缓坡带发育大量同沉积断裂进而形成断裂坡折背景,而流沙港组二段沉积期为整个凹陷的最大湖泛期,导致了较深水环境的出现。凹陷南部的斜坡发育延伸较近,呈裙带状分布的辫状河三角洲沉积,为湖底扇的形成提供物源。在较深水区,为保持持续的紊流,要求有稳定的能量补给,即在湖底要有适当的坡度;而过大的坡度会造成沉积物不稳定和易触发而作块体运动。一般认为,这个最小的坡度角为 3°～5°,而典型的陆源碎屑斜坡的坡度一般为 2°～5°(姜在兴,2003)。用回剥技术对现存地层逐层回剥,并进行压实、古水深和海平面变化等方面的校正,从而得到流沙港组二段沉积期的古地貌图。经过古地貌形态恢复,研究区断裂坡折之上斜坡区的坡度为 2.8°～3.3°,满足扇体形成的条件。而东部挠曲坡折带之下的湖底扇发育位置,湖底面坡度较小,为 2°～2.5°,成为碎屑物质的卸载区域,进而形成扇体(图 5-13)。

3. 构造油气藏

西部地区断裂十分发育,断层的发育与油气的成藏密切相关。该地区未来的勘探目标应该以与断裂相关的断块、断垒油气藏类型为主,该油气藏勘探区域以斜坡区为重点,主要的勘探层位应该集中于流沙港组一段和流沙港组三段(表 5-2)。与此同时,在 T_4 和 T_5 界面与断层交会处,为断层不整合面复合油气藏发育的主要部位。考虑到流沙港组三段高位体系域地层勘探程度已经很高,勘探的成本也比流沙港组一段大很多,因而该区域构造油气藏的勘探应该以流沙港组一段高位体系域地层为重点。该层序砂体十分富集,因而构造和断层体系研究应该是勘探目标优选中最为重要的方面。而对于低位体系域的勘探，应该以流沙港组二段湖底扇体为重点。

东部地区流沙港组三段的油气勘探应该集中于与深层反向断裂相关的构造油气藏，为该区域油气勘探的重要目标（表5-2）。而对于流沙港组二段低位体系域的油气勘探，则应该集中于发育在白莲次凹中心的湖底扇型岩性油气藏，该油气藏主要发育于深湖的泥岩之中，为"自生自储自藏"型岩性油气藏，湖底扇面积较大，成藏条件好，因而具有很好的勘探潜力。对于流沙港组一段高位体系域的油气勘探，应该以砂岩上倾尖灭型油气藏为主要的勘探目标，有必要通过砂体精细刻画、地球物理反演等手段确定砂体的垂向叠置关系和平面展布范围，进而确定砂体上倾尖灭的部位。

表5-2 北部湾盆地福山凹陷各构造单元圈闭类型和勘探方向

地区	大类	类	模式图	主要发育部位	主要层系
西部地区	构造圈闭	断层圈闭		浅层断裂附近	流沙港组一段和流沙港组三段高位体系域
				浅层断裂附近	流沙港组一段和流沙港组三段高位体系域
	岩性圈闭	盆底扇型圈闭		深凹中	流沙港组二段低位体系域
	复合圈闭	不整合面—断层圈闭		不整合面附近	流沙港组一段高位体系域
中部地区	构造圈闭	断层圈闭		转换带脊部	流沙港组一段和流沙港组三段高位体系域
				转换带脊部	流沙港组一段和流沙港组三段高位体系域
				转换带脊部	流沙港组一段和流沙港组三段高位体系域
	岩性圈闭	上倾尖灭圈闭		转换带两翼	流沙港组一段和流沙港组三段高位体系域
		浊积扇型圈闭		深凹中	流沙港组二段低位体系域
	复合圈闭	不整合面—断层圈闭		不整合面附近	流沙港组一段高位体系域
东部地区	岩性圈闭	上倾尖灭圈闭		转换带两翼	流沙港组一段和流沙港组三段高位体系域
	岩性圈闭	浊积扇型圈闭		深凹中	流沙港组二段低位体系域
	构造圈闭	断层圈闭		深层断裂附近	流沙港组三段高位体系域

参考文献

鲍志东,赵艳军,祁利祺,等.构造转换带储集体发育的主控因素——以准噶尔盆地腹部侏罗系为例[J].岩石学报,2011,27(3):867-877.

陈广坡,王天奇,李林波,等.箕状断陷湖盆湖底扇特征及油气勘探——以二连盆地赛汉塔拉凹陷腾格尔组二段为例[J].石油勘探与开发,2010,37(1):63-69.

陈景达.复式油气聚集带与盆地研究[J].复式油气田,1996,1(1):4-6.

陈全茂,李忠飞.辽河盆地东部凹陷构造及其含油气性分析[M].北京:地质出版社,1998:276-284.

戴金星.天然气中烷烃气碳同位素研究的意义[J].天然气工业,2011(31):1-6.

丁卫星,王文军,马英俊.北部湾盆地福山凹陷流沙港组含油气系统特征[J].海洋石油,2003,23(2):1-6.

杜金虎,易士威,张以明.二连盆地隐蔽油藏勘探[M].北京:石油工业出版社,2003.

冯有良,李思田,解习农.陆相断陷盆地层序形成动力学地层模式[J].地学前缘,2000,7(3):119-132.

冯有良,徐秀生.同沉积构造坡折带对岩性油气藏富集带的控制作用——以渤海湾盆地古近系为例[J].石油勘探与开发,2006,33(1):22-27.

冯有良.断陷盆地层序格架中岩性地层油气藏分布特征[J].石油学报,2005,26(4):17-23.

顾家裕,郭彬程,张兴阳.中国陆相盆地层序地层格架及模式[J].石油勘探与开发,2005,32(5):11-16.

顾家裕.陆相盆地层序地层学格架概念及模式[J].石油勘探与开发,1995,22(4):6-10.

何幼斌,高振中.海南岛福山凹陷古近系流沙港组沉积相[J].古地理学报,2006,8(3):365-372.

何自新.鄂尔多斯盆地演化与油气[M].北京:石油工业出版社,2003.

胡朝元.石油天然气地质文选[M].北京:石油工业出版社,1999.

黄传炎,王华,吴永平,等.歧口凹陷第三系层序格架下的油气藏富集规律[J].吉林大学学报(地球科学版),2010,40(5):986-995.

黄汲清,任纪舜,姜春发,等.中国大地构造基轮廓[J].地质学报,1977,51(2):17-135.

纪友亮,张善文,王永诗,等.断陷盆地油气汇聚体系与层序地层格架之间的关系研究[J].沉积学报,2008,26(4):617-623.

纪友亮,张世奇,等.层序地层学原理及层序成因机制模式[M].北京.地质出版社,1997.

贾大成,丘学林,胡瑞忠,等.北部湾玄武岩地幔源区性质的地球化学示踪及其构造环境[J].热带海洋学报,2003,22(2):30-39.

姜大朋,何敏,张向涛,等.箕状断陷控洼断裂上下盘油气成藏差异性及勘探实践:以南海北部珠江口盆地惠州凹陷X洼为例[J].吉林大学学报(地球科学版),2019,49(2):346-355.

姜在兴,向树安,陈秀艳,等.淀南地区古近系沙河街组层序地层模式[J].沉积学报,2009,27(5):931-940.

焦养泉,李思田.碎屑岩储层物性非均质性的层次结构[J].石油与天然气地质,1998,19(2):89-92.

解习农,张成,任建业,等.南海南北大陆边缘盆地构造演化差异性对油气成藏条件控制[J].地球物理学报,2011,54(12):3280-3291.

李德生.渤海湾盆地复合油气田的开发前景[J].石油学报,1986,7(1):46-50.

李美俊,王铁冠,刘菊,等.北部湾盆地福山凹陷原油充注方向及成藏特征[J].石油实验地质,2007a,29(2):172-176.

李美俊,王铁冠,刘菊,等.北部湾盆地福山凹陷天然气成因与来源[J].天然气地球科学,2007b,18(2):260-265.

李美俊,王铁冠,卢鸿,等.北部湾盆地福山凹陷CO_2气成因探讨[J].天然气工业,2006,26(9):25-29.

李丕龙,张善文,宋国奇,等.断陷盆地隐蔽油气藏形成机制——以渤海湾盆地济阳坳陷为例[J].石油实验地质,2004,26(1):3-10.

李丕龙.富油断陷盆地油气环状分布与惠民凹陷勘探方向[J].石油实验地质,2001,3(2):146-148.

李思田,王华,路凤香,等.盆地动力学基本理论与若干研究方法[M].武汉:中国地质大学出版社,1999.

李思田.论沉积盆地分析系统[J].地球科学——中国地质大学学报,1992,16(3):102-106.

梁锋,范军侠,李宏伟,等.大港油田板桥凹陷构造变换带与油气富集[J].古地理学报,2008,10(1):73-76.

梁富康,于兴河,慕小水,等.东濮凹陷南部沙三中段构造调节带对沉积体系的控制作用[J].现代地质,2011,25(1):55-61.

林畅松,刘景彦,张英志,等.构造活动盆地的层序地层与构造地层分析——以中国中、新生代构造活动湖盆分析为例[J].地学前缘,2005,12(4):365-374.

林畅松,潘元林,肖建新,等."构造坡折带"——断陷盆地层序分析和油气预测的重要概念[J].地球科学——中国地质大学学报,2000,25(3):260-266.

林畅松,潘元林."构造坡折带"——断陷盆地层序分析和油气预测[J].地球科学——中国地质大学学报,2000,25(3):260-266.

林畅松,张燕梅,李思田,等.中国东部中新生代断陷盆地幕式裂陷过程的动力学响应和模拟模型[J].地球科学,2004,29(5):583-588.

林正良.北部湾盆地福山凹陷古近纪构造特征研究[D].武汉:中国地质大学(武汉),2011.

刘蓓蓓,于兴河,吴景富,等.南海北部陆缘盆地半地堑类型及沉积充填模式[J].中国矿业大学学报,2015,44(3):498-507.

刘恩涛,王华,李媛,等.北部湾盆地福山凹陷构造转换带对层序及沉积体系的控制[J].中国石油大学学报(自然科学版),2013,37(3):21-28.

刘恩涛,王华,林正良,等.北部湾盆地福山凹陷构造转换带及其油气富集规律研究[J].中南大学学报(自然科学版),2012(43):3946-3953.

刘剑平,汪新文,周章保,等.伸展地区变换构造研究进展[J].地质科技情报,2000,19(3):27-35.

刘丽军,旷红伟,佟彦明.福山凹陷下第三系流沙港组沉积体系及演化特征[J].石油与天然气地质,2003a,24(2):140-145.

刘丽军,石彦明,纪云龙,等.北部湾盆地福山凹陷流沙港组湖底扇沉积特征及发育背景[J].石油实验地质,2003b,25(2):110-116.

刘绍文,施小斌,王良书,等.南海成因机制及北部岩石圈热-流变结构研究进展[J].海洋地质与第四纪地质,2006,26(4):117-124.

刘震,赵阳,杜金虎.陆相断陷盆地岩性油气藏形成与分布的"多元控油-主元成藏"特征[J].地质科学,2006,41(4):612-635.

刘震,赵政璋,赵阳,等.含油气盆地岩性油气藏的形成和分布特征[J].石油学报,2006,27(1):17-23.

罗群,庞雄奇.海南福山凹陷顺向和反向断裂控藏机理及油气聚集模式[J].石油学报,2008,29(3):363-365.

马庆林,赵淑娥,廖远涛,等.北部湾盆地福山凹陷古近系流沙港组层序地层样式及其研究意义[J].地球科学——中国地质大学学报,2012,37(4):667-679.

倪新锋,陈洪德,韦东晓.鄂尔多斯盆地三叠系延长组层序地层格架与油气勘探[J].中国地质,2007,34(1):73-80.

庞雄奇,张树林,吴欣松.油气田勘探[M].北京:高等教育出版社,2006.

漆家福,张一伟,陆克政,等.渤海湾新生代裂陷盆地的伸展模式及其动力学过程[J].石油实验地质,1995,17(4):316-323.

任建业,陆永潮,张青林.断陷盆地构造坡折带形成机制及其对层序发育样式的控制[J].地球科学——中国地质大学学报,2004,29(5):596-602.

任建业,张青林,陆永潮.东营凹陷弧形断裂坡折带系统及其对低位域砂体的控制[J].沉积学报,2004,22(4):628-635.

石学法,鄢全树.南海新生代岩浆活动的地球化学特征及其构造意义[J].海洋地质与第四纪地质,2011,31(2):59-73.

石彦民,刘菊,张梅珠,等.海南福山凹陷油气勘探实践与认识[J].华南地震,2007,27(3):57-65.

宋国奇,郝雪峰,刘克奇.箕状断陷盆地形成机制、沉积体系与成藏规律:以济阳坳陷为例[J].石油与天然气地质,2014,35(3):303-310.

孙龙德,李日俊.塔里木盆地轮南低凸起:一个复式油气聚集区[J].地质科学,2004,39(2):296-304.

孙鸣,王华,廖远涛,等.福山凹陷白莲地区流沙港组一段扇三角洲沉积体系与油气成藏条件分析[J].中南大学学报(自然科学版),2013,44(10):4150-4160.

田景春.箕状断陷湖盆陡坡带砂体特征、演化及控制因素——以胜利油区东营凹陷北带沙河街组为例[J].矿物岩石,2001,21(3):56-63.

王华,廖远涛,陆永潮,等.中国东部新生代陆相断陷盆地层序的构成样式[J].中南大学学报(自然科学版),2010,41(1):277-286.

王家豪,王华,任建业,等.黄骅坳陷中区大型斜向变换带及其油气勘探意义[J].石油学报,2010,31(3):355-360.

王家豪,王华,赵忠新,等.层序地层学应用于古地貌分析——以塔河油田为例[J].地球科学.2003,28(4):425-430.

王旭东,卢桂香.高北隐蔽油气藏特征及勘探方法[J].石油与天然气地质,2002,23(2):174-178.

魏魁生,徐怀大.非海相层序地层学——以松辽盆地为例[M].北京.地质出版社,1996.

邬光辉,漆家福.黄骅盆地一级构造变换带的特征与成因[J].石油与天然气地质,1999,22(2):125-128.

吴崇筠.碎屑岩沉积相研究[M].北京:石油工业出版社,1988.

吴世敏,周蒂,丘学林.南海北部陆缘的构造属性问题[J].高校地质学报,2001,7(4):419-427.

吴亚军.东部地区箕状断陷盆地构造演化与沉积充填特征[J].天然气工业,2004,24(3):28-31.

吴因业.陆相盆地层序地层学分析的方法与实践[J].石油勘探与开发,1997,24(5):7-10.

吴元保,郑永飞.锆石成因矿物学研究及其对U-Pb年龄解释的制约[J].科学通报,2004,49(16):1589-1604.

夏庆龙,田立新,周心怀,等.渤海海域构造形成演化与变形机制[M].北京:石油工业出版社,2012.

项华,徐长贵.渤海海域古近系隐蔽油气藏层序地层学特征[J].石油学报.2006,27(2):11-15.

薛世荣.北大港复式油气聚集带成因探讨[J].复式油气田,1998,2:1-8.

鄢全树,石学法,王昆山,等.南海新生代碱性玄武岩主量、微量元素及Sr-Nd-Pb同位素研究[J].中国科学D辑:地球科学,2008,38(1):56-71.

严德天,王华,王家豪,等.黄骅坳陷沙河街组层序地层样式及隐蔽圈闭预测[J].中国矿业大学学报,2008,37(1):30-36.

杨俊杰.鄂尔多斯盆地构造演化与油气分布规律[M].北京:石油工业出版社,2002.

杨克绳.中国中新生代沉积盆地箕状断陷类型、形成机理及含油性[J].石油与天然气地质,1990,11(2):144-155.

杨有星,金振奎,王濮,等.黄骅坳陷港中地区沙二段高分辨率层序地层格架与沉积体系分布[J].中南大学学报(自然科学版),2012,43(6):2247-2258.

易士威,王元杰,钱铮.二连盆地乌里雅斯太凹陷油气成藏模式及分布特征[J].石油学报,2006,27(3):27-32.

于俊吉,罗群,张多军,等.北部湾盆地海南福山凹陷断裂特征及其对油气成藏的控制作用[J].石油实验地质,2004,26(3):241-248.

喻建,韩永林,凌升阶.鄂尔多斯盆地三叠系延长组油田成藏地质特征及油藏类型[J].中国石油勘探,2001,6(4):13-19.

袁选俊,薛良清,池英柳,等.坳陷型湖盆层序地层特征与隐蔽油气藏勘探——以松辽盆地为例[J].石油学报,2003,24(3):11-15.

曾溅辉,张善文,邱楠生,等.东营凹陷岩性圈闭油气充满度及其主控因素[J].石油与天然气地质,2003,24(3):219-222.

翟光明.中国石油地质志——沿卷十六海大陆架及毗邻海域油气区[M].北京：石油工业出版社,1993.

张德武,冯有良,邱以刚,等.东营凹陷下第三系层序地层研究与隐蔽油气藏预测[J].沉积学报,2004,22(1):67-72.

张善文,王英民,李群.应用坡折带理论寻找隐蔽油气藏[J].石油勘探与开发,2003,30(3):5-7.

张世奇,纪友亮.陆相断陷湖盆层序地层学模式探讨[J].石油勘探与开发,1996,23(5):5-8.

张威,蒙轸,许淑梅,等.从陆内到陆缘:中国东部古近纪断陷盆地的深部背景及沉积特征[J].海洋地质前沿,2013,29(7):1-10.

赵建章,石彦民,孙维昭,等.海南福山凹陷火成岩分布特征及对油气勘探的影响[J].中国石油勘探,2007,1:38-42.

赵文智,张光亚,王红军.石油地质理论新进展及其在拓展勘探领域中的意义[J].石油学报,2005,26(1):1-7.

赵文智,邹才能,汪泽成,等.富油气凹陷"满凹含油"论——内涵与意义[J].石油勘探与开发,2004,31(2):5-13.

朱俊章,施和生,龙祖烈,等.珠一坳陷半地堑成藏系统成藏模式与油气分布格局[J].中国石油勘探,2015,20(1):24-36.

朱筱敏,董艳蕾,杨俊生,等.辽东湾地区古近系层序地层格架与沉积体系分布[J].中国科学D辑：地球科学,2008,38:1-10.

朱筱敏,康安,王贵文.陆相坳陷型和断陷型湖盆层序地层样式探讨[J].沉积学报,2003,21(2):283-288.

朱筱敏.层序地层学原理及应用[M].北京:石油工业出版社,1998.

Athmer W, Gonzalez Uribe G A, Luthi S M, et al. Tectonic control on the distribution of Palaeocene marine syn-rift deposits in the Fenris graben, northwestern Vøring basin, offshore Norway[J]. Basin Research, 2010, 23(3): 361-375.

Athmer W, Groenenberg R M, Luthi S M, et al. Relay ramps as pathways for turbidity currents: a study combining analogue sandbox experiments and numerical flow simulations[J]. Sedimentology, 2010, 57: 806-823.

Athmer W, Luthi S M. The effect of relay ramps on sediment routes and deposition: a review[J]. Sedimentary Geology, 2011, 242(1-4): 1-17.

Barker C E. Geothermics of petroleum systems: implications of the stabilization of kerogen thermal maturation after geologically brief heating duration at peak temperature[J]//Magoon L. Petroleum system of the United States. U.S. Geological Survey Bulletin, 1988(1870): 26-29.

Barker C E. Implication for organic maturation studies of evidence for a geologically rapid increase and stabilization of vitrinite reflectance at peak temperature: Cerro Prieto geothermal system, Mexico[J]. AAPG Bulletin, 1991(75): 1852-1863.

Bosworth W. Geometry of propagating continental rifts[J]. Nature, 1985(316): 625-627.

Braecini E, Denison C N, Seheevel J R, et al. A revised chronolitho stratigraphic framework for the pre-salt (Lower Cretaceous) in Cabinda, Angola[J]. Bulletin Centre de Reeherches Exploration

- Production Elf Aquitaine,1997,21(1): 125 – 151.

Briais A,Patriat P,Tapponnier P. Updated interpretation of magnetic anomalies and seafloor spreading stages in the south China Sea: implications for the Tertiary tectonics of southeast Asia [J]. Journal of Geophysical Research: Solid Earth,1993,98(B4): 6299 – 6328.

Catuneanu O,Abreub V,Bhattacharya J P,et al.Towards the standardization of sequence stratigraphy[J]. Earth – Science Reviews,2009, 92(1 – 2): 1 – 33.

Chen S,Wang H,Zhou L,et al. Sequence thickness and its response to episodic tectonic evolution in Paleogene Qikou Sag,Bohaiwan basin [J]. Acta Geologica Sinica(English Edition),2012,86(5): 1077 – 1092.

Childs C,Watterson J,Walsh J J. Fault overlap zones within developing normal fault systems [J]. Journal of the Geological Society of London,1995(152): 535 – 549.

Childs C,Watterson J,Walsh J J. Fault overlap zones within developing normal fault systems [J]. Journal of the Geological Society of London,1995(152): 535 – 549.

Cope T,Ping L,Zhang X Y,et al.Structural controls on facies distribution in a small half-graben basin: Luanping basin,northeast China [J]. Basin Research,2010,22(1): 33 – 44.

Coskun B. Oil and gas fields—transfer zone relationships,Thrace basin,NW Turkey [J]. Marine and Petroleum Geology,1997,14(4): 401 – 416.

Cross P T,Homewood P W. Amanz Gressly's role in founding modern stratigraphy [J]. Geological Society of American Bulletin,1997(109): 1617 – 1630.

Davies C P N,van der Spuy D. Chemical and optical investigations into the hydrocarbon source potential and thermal maturity of the Kudu9A – 2 and 9A – 3 boreholes[C]// Hoal B. The Kudu offshore drilling project. Communs Geol Surv Namibia,1990(6): 49 – 58.

Faulds J E,Varga R. The role of accommodation zones and transfer zones in the regional segmentation of extended terranes [J]. Geological Society of America Special Papers,1998(323): 1 –45.

Feng Z Q,Jia C Z,Xie X N,et al. Tectonostratigraphic units and stratigraphic sequences of the nonmarine Songliao basin,northeast China [J]. Basin Research,2010,22(1): 79 – 95.

Galloway W E. Genetic stratigraphic sequence in basin analysis I:architecture and genetics of flooding surface bounded depositional units [J]. AAPG Bulletin,1989(73): 125 – 142.

Gibbs A D. Structural evolution of extensional basin margins [J]. Geological Society of London Journal,1984(141): 609 – 620.

González-Escobar M,Suárez-Vidal F,Hernández-Pérez J,et al. Seismic reflection-based evidence of a transfer zone between the Wagner and Consag basins: implications for defining the structural geometry of the northern Gulf of California [J].Geo – Marine Letters,2010,30(6): 575 –584.

Harding T P,Lowell J B. Structural systems, thei plate tectonic habitats,and hydrocarbon traps in petroleum provinces[J]. AAPG Bulletin,1979(63): 1016 – 1058.

Hofmann A W,White W M. Mantle plume from ancient oceanic crust [J]. Earth and

Planetary Science Letters,1982(57):421-436.

Hou Y G,He S,Ni J E,et al. Tectono-sequence stratigraphic analysis on Paleogene Shahejie Formation in the Banqiao sub-basin,eastern China [J]. Marine and Petroleum Geology,2012,36(1):100-117.

Huang C Y,Wang H,Wu Y P,et al. Genetic types and sequence stratigraphy models of Palaeogene slope break belts in Qikou Sag,Huanghua Depression,Bohai bay basin,eastern China [J]. Sedimentary Geology,2012,261-262(0):65-75.

Huang J L. P and S-wave tomography of the Hainan and surrounding regions:insight into the Hainan plume [J].Tectonophysics,2014,633(0):176-192.

Johnson J G,Klapper G,Sandberg C A. Devonian eustatic fluctuations in Euramerica [J]. Geological Society of America Bulletin,1995(1):567-587.

Johnson K T M,Dick H J B,Shimizu N. Melting in the oceanic upper mantle:an ion microprobe study of diopsides in byssal peridotites[J]. Journal of Geophysical Research,1990(95):2661-2678.

Jolley D W,Morton A C. Understanding basin sedimentary provenance using allied phytogeographic and heavy mineral analytical techniques:evidence for sediment transfer pathways in the Paleocene of the north-east Atlantic [J]. Journal of the Geological Society,London,2007,164:553-563.

Kornsawan A,Morley C K. The origin and evolution of complex transfer zones (graben shifts) in conjugate fault systems around the Funan Field,Pattani Basin,Gulf of Thailand [J]. Journal of Structural Geology,2002,24(3):435-449.

Le Dantec N,Hogarth L J,Driscoll N W,et al. Tectonic controls on nearshore sediment accumulation and submarine canyon morphology offshore La Jolla,southern California [J]. Marine Geology,2010,268(1-4):115-128.

Leeder M R,Collier R E L,Abdul Aziz L H,et al. Tectono-sedimentary processes along an active marine/lacustrine half-graben margin:Alkyonides Gulf,E. Gulf of Corinth,Greece [J]. Basin Research,2002,14(1):25-41.

Lei J S,Zhao D P,Steinberger B,et al.New seismic constraints on the upper mantle structure of the Hainan plume [J]. Physics of the Earth and Planetary Interiors,2009,173(1-2):33-50.

Li M J,Wang T G,Liu J,et al. Occurrence and origin of carbon dioxide in the Fushan Depression,Beibuwan Basin,South China Sea [J].Marine and Petroleum Geology,2008(25):500-513.

Liu E T,Song Y X,Wang H,et al. Vibrational spectroscopic characterization of mudstones in a hydrocarbon-bearing depression,South China Sea:implications for thermal maturity evaluation[J]. Spectrochimica Acta Part A:Molecular and Biomolecular Spectroscopy,2016(153):241-248.

Liu E T,Wang H,Li Y,et al. Relative role of accommodation zones in controlling sequence stacking patterns and facies distribution:insights from the Fushan Depression,South China Sea [J]. Marine and Petroleum Geology,2015(68):219-239.

Liu E T,Wang H,Li Y,et al. Sedimentary characteristics and tectonic setting of sublacustrine fans in a half-graben rift depression, Beibuwan Basin, South China Sea[J]. Marine and Petroleum Geology, 2014, 52: 9-21.

Liu E T, Wang H, Uysal Tonguç I, et al. Paleogene igneous intrusion and its effect on thermal maturity of organic-rich mudstones in the Beibuwan Basin, South China Sea[J]. Marine and Petroleum Geology, 2017(86): 733-750.

Miller J M, Nelson E P, Hitzman M, et al. Orthorhombic fault-fracture patterns and non-plane strain in a synthetic transfer zone during rifting: Lennard shelf, Canning basin, Western Australia [J]. Journal of Structural Geology, 2007, 29(6): 1002-1021.

Morley C K. Developments in the structural geology of rifts over the last decade and their impact on hydrocarbon exploration [J]. Geological Society, 1995, 80: 1-32.

Nelson R A, Patton T L, Morley C K. Rift-segment interaction and its relation to hydrocarbon exploration in continental rift systems [J]. AAPG Bulletin, 1992(76): 1153-1169.

Northrup C J, Royden L H, Burchfiel B C. Motion of the Pacific plate relation to Eurasia and its potential relation to Cenozoic extension along the eastern margin of Eurasia [J]. Geology, 1995, 23: 719-722.

Peacock D C P, Knipe R J, Sanderson D J. Glossary of normal faults [J]. Journal of Structural Geology, 2000, 22(3): 291-305.

Peacock D C P. Scaling of transfer zones in the British Isles [J]. Journal of Structural Geology, 2003, 25(10): 1561-1567.

Posamentier H W, Vail P R. Sequences, Systems Tracts, and Eustatic Cycles[J]. AAPG Bulletin, 1988, 72(2): 237-237.

Quintana L, Alonso J L, Pulgar J A, et al. Transpressional inversion in an extensional transfer zone (the Saltacaballos fault, northern Spain) [J]. Journal of Structural Geology, 2006, 28(11): 2038-2048.

Robert P. Organic metamorphism and geothermal history [M]. Berlin: Springer Netherlands, 1988.

Smit J, Brun J P, Cloetingh S, et al. Pull-apart basin formation and development in narrow transform zones with application to the Dead Sea Basin [J]. Tectonics, 2008, 27(6): TC6018.

Staudigel P, Zindler A, Hart S R. The isotope systematics of a juvenile intra-plate volcano: Pb, Nd and Sr isotope ratios of basalts from loihi Seamount, Hawaii [J]. Earth and Planet Science Letter, 1984(69): 13-29.

Stewart J H. Regional tilt pattern of late Cenozoic Basin-range fault blocks, western United States. [J]. Geological Society of America Bulletin, 1980(91): 460-464.

Sun S S, McDonough W F, Chemical and isotopic systematic of oceanic basalts: implications for mantle composition and processes[A]//Sauders A D, Norry M J. Magmatism in ocean basins [M]. Lowdon: Geological Society London Special Publications, 1989: 313-345.

Tapponnier P, Peltzer G, Le Dain A Y, et al. Propagating extrusion tectonics in Asia: new insights from simple experiments with plasticine [J]. Geology, 1982, 10: 611-616.

Taylor B, Hayes D E. Origin and history of the South China Sea Basin [J]. American Geophysical Union as part of the Geophysical Monograph Series, 1983, 27: 23 – 56.

Uysal I T, Golding S D, Baublys K. Stable isotope geochemistry of authigenic clay minerals from Late Permian coal measures, Queensland, Australia: implications for the evolution of the Bowen Basin [J]. Earth and Planetary Science Letters, 2000, 180(1 – 2): 149 – 162.

Uysal I T, Golding S D, Thiede D S. K – Ar and Rb – Sr dating of authigenic illite-smectite in Late Permian coal measures, Queensland, Australia: implication for thermal history [J]. Chemical Geology, 2001, 171(3 – 4): 195 – 211.

Vail P R, Mitchum R M, Thompson S. Global cycles of relative changes of sea level [J]. AAPG Bulletin, 1977, 26: 99 – 116.

Van Wagoner J C, Mitchum R M, Campion K M, et al. Siliciclastic sequence stratigraphy in well logs, cores and outcrops: concepts for high-resolution correlation of time and facies [J]. AAPG Methods in Exploration Series, 1990(7): 1 – 55.

Vandenberghe J, Wang X, Lu H. Differential impact of small-scaled tectonic movements on fluvial morphologyand sedimentology (the Huang Shui catchment, NE Tibet Plateau) [J]. Geomorphology, 2011, 134(3 – 4): 171 – 185.

Wang J H, Chen H H, Wang H, et al. Two types of Strike – Slip and transtensional intrabasinal structures controlling sandbodies in Yitong graben [J]. Journal of Earth Science, 2011, 22(3): 316 – 325.

Wang X C, Li Z X, Li X H, et al. Temperature, pressure, and composition of the mantle source region of late Cenozoic basalts in Hainan Island, SE Asia: a consequence of a young thermal mantle plume close to subduction zones? [J]. Journal of Petrology, 2012, 53(1): 177 – 233.

Xie X N, Müller R D, Ren J Y, et al. Stratigraphic architecture and evolution of the continental slope system in offshore Hainan, northern South China Sea [J]. Marine Geology, 2008, 247(3 – 4): 129 – 144.

Zhang J, Zhao G C, Li S Z, et al. Structural pattern of the Wutai Complex and its constraints on the tectonic framework of the Trans – North China Orogen [J]. Precambrian Research, 2012(222): 212 – 229.

Zhao M W, Behr H J, Ahrendt H, et al. Thermal and tectonic history of the Ordos Basin, China: evidence from apatite fission track analysis, vitrinite reflectance and K – Ar dating [J]. AAPG Bulletin, 1996(7): 1110 – 1134.

Zindler A, R. H S. Chemical geodynamics [J]. Earth and Planet Science Letter, 1986(14): 493 – 571.

Zou H, Zindler A, Xu X, et al. Major, trace element, and Nd, Sr and Pb isotope studies of Cenozoic basalts in SE China: mantle sources, regional variations, and tectonic significance [J]. Chemical Geology, 2000, 171(1 – 2): 33 – 47.